华章图书

一本打开的书，一扇开启的门，

通向科学殿堂的阶梯，托起一流人才的基石。

智能系统与技术丛书

Mastering OpenCV 4
Third Edition

深入理解OpenCV

实用计算机视觉项目解析

（原书第3版）

[美] 罗伊·希尔克罗特（Roy Shilkrot）
[西班牙] 大卫·米兰·埃斯克里瓦（David Millán Escrivá） 著
唐灿 译

机械工业出版社
China Machine Press

图书在版编目（CIP）数据

深入理解 OpenCV：实用计算机视觉项目解析（原书第 3 版）/（美）罗伊·希尔克罗特（Roy Shilkrot），（西）大卫·米兰·埃斯克里瓦（David Millán Escrivá）著；唐灿译．—北京：机械工业出版社，2020.1（2020.12 重印）

（智能系统与技术丛书）

书名原文：Mastering OpenCV 4, Third Edition

ISBN 978-7-111-64577-1

I. 深…　II. ①罗…　②大…　③唐…　III. 图像处理软件 - 程序设计　IV. TP391.413

中国版本图书馆 CIP 数据核字（2020）第 015098 号

本书版权登记号：图字　01-2019-7109

Roy Shilkrot, David Millán Escrivá：*Mastering OpenCV 4, Third Edition*（ISBN：978-1-78953-357-6）.

深入理解 OpenCV

实用计算机视觉项目解析（原书第 3 版）

出版发行：机械工业出版社（北京市西城区百万庄大街 22 号　邮政编码：100037）

责任编辑：冯秀泳　　责任校对：李秋荣

印　刷：北京文昌阁彩色印刷有限责任公司　　版　次：2020 年 12 月第 1 版第 2 次印刷

开　本：186mm × 240mm　1/16　　印　张：15.5

书　号：ISBN 978-7-111-64577-1　　定　价：79.00 元

客服电话：（010）88361066　88379833　68326294　　投稿热线：（010）88379604

华章网站：www.hzbook.com　　读者信箱：hzit@hzbook.com

THE TRANSLATOR'S WORDS

译 者 序

近年来，深度学习在图像、声音和语义识别方面取得了长足的进步，首先影响的是OpenCV这样的老牌视觉识别库。因而，我们看到了OpenCV近年来的快速迭代，它在坚持以传统机器学习为主体的机器视觉的基础上，吸收了最新的深度学习成果，由原来的3.x版本升级为版本4，很多模块由原来的contrib部分固化并转入到主模块中。本书的版本升级也成了顺势而为的结果。

本书第3版秉承了一贯的面向工程的作风，在保留必要公式的情况下，将原有的工程项目升级到最新的技术，并带来了新的真实项目体验。这些项目包括在树莓派上进行实时图像处理、使用SfM模块进行3D可视化重构、使用新的深度人脸模块进行人脸检测、使用深度卷积进行车牌识别、学习全新的OpenCV.js、Android相机标定和AR、iOS全景图实现等。本书第3版尤为可贵的在于加入了第9章“为项目找到最佳OpenCV算法”和第10章“避免OpenCV中的常见陷阱”，可帮助程序员在成百上千的API中进行需求权衡、设计、技术选型、优化和避免陷阱，这些经验之谈难能可贵，显著提升了本书的实用价值。

视觉工程不是简单的技术选型，每一个实现目标的背后都可能需要烦琐的前期步骤、中期的陷阱和曲折，以及后期的反复调优，希望本书能帮助视觉工程师利用最新的OpenCV技术实现工程中的需求，找出研究与应用之间的平衡。

感谢刘波老师对本书翻译的支持，也感谢柯增燕同学对本书所做的大量前期工作。特别要感谢我的妻子李平，她的体谅和付出让我得以抽出时间来进行提高和分享的工作。

PREFACE

前　　言

本书（现在是第 3 版）是计算机视觉工程师使用 OpenCV 作为工具的系列丛书之一。本书保留了最基本的核心数学公式，提供了从构思到运行代码的完整项目，涵盖了当前计算机视觉中的热门话题，包括人脸识别、关键点检测和姿态估计、具有深度卷积网络的车牌识别、从运动中恢复结构、增强现实的场景重建，以及本机和 Web 环境中的移动端计算机视觉。本书将作者在学术界和行业中实施计算机视觉产品及项目的丰富知识轻松打包，不但向读者介绍了 API 的功能，而且提供了对完整计算机视觉项目中设计选择的见解，并超越了计算机视觉的基础知识，从更高层次来设计和实现复杂图像识别项目的解决方案。

本书的目标读者

本书主要面向的对象，是希望在 C++ 环境下开始使用 OpenCV 的计算机视觉新手，鼓励他们从动手开始学习，而不是纠结于传统的基础数学知识。书中提供了有关当前常见的计算机视觉任务的 OpenCV API 的具体用例示例，同时鼓励“复制 – 粘贴 – 运行”这种学习方式并尝试将数学基础保持在最低限度。

如今，计算机视觉工程师可以选择多种工具和软件包，包括 OpenCV、dlib、Matlab 软件包、SimpleCV、XPCV 和 scikit-image。在覆盖范围和跨平台方面，没有什么比 OpenCV 做得更好。但是，对新手而言，OpenCV 似乎令人望而生畏，仅在官方模块的 API 中就有成千上万的函数，这还不包括贡献的模块。尽管 OpenCV 本身也提供了较广泛的教程，也存在大量的有文档记录的项目，但大都缺乏从头到尾完成项目的教程来满足工程师的需要。

本书内容

本书直接或间接地涵盖了 OpenCV 的许多功能，包括许多贡献模块。 它还展示了如何在 Web、iOS 和 Android 设备以及 Python Jupyter Notebook 中使用 OpenCV。 每章都针对一个不同的问题，说明如何实现此目标，介绍了解决方案及其理论背景，并提供了一个完整的、可构建的和可运行的代码示例。

本书旨在为读者提供以下内容：

- 有效的 OpenCV 代码示例，用于解决现代的、具有一定复杂度的计算机视觉问题
- OpenCV 工程和项目维护的最佳实践
- 使用实用的算法设计方法来应对复杂的计算机视觉任务
- 熟悉 OpenCV 最新的 API (v4.0.0)，并通过实例进行实践

本书涵盖以下章节：

第 1 章演示如何在台式机和小型嵌入式系统（如 Raspberry Pi）上编写图像处理滤波器。

第 2 章演示如何使用 SfM 模块将场景重建为稀疏点云（包括相机姿态），以及如何使用多视图立体几何来获得稠密点云。

第 3 章介绍使用人脸模块进行人脸特征点（也称为人脸标志）检测的过程。

第 4 章介绍图像分割和特征提取、模式识别基础以及两种重要的模式识别算法：支持向量机（SVM）和深度神经网络（DNN）。

第 5 章展示用于检测人脸图像的不同技术，从经典的具有 Haar 功能的级联分类器到采用深度学习的新技术，不一而足。

第 6 章展示一种使用 OpenCV.js（用于 JavaScript 的 OpenCV 的编译版本）为 Web 开发计算机视觉算法的新方法。

第 7 章展示如何使用 OpenCV 的 ArUco 模块、Android 的 Camera2 API 和 JMonkey Engine 3D 游戏引擎在 Android 系统中实现增强现实（AR）应用程序。

第 8 章展示如何使用 OpenCV 的 iOS 预编译库在 iPhone 上构建全景图像拼接程序。

第 9 章讨论在考虑 OpenCV 中的算法选择时应遵循的许多方法。

第 10 章回顾 OpenCV 的发展历史，以及随着计算机视觉的发展，其框架和算法产品逐步增多的过程。

充分利用本书

本书假定读者有扎实的编程和软件工程技能基础，并能使用 C++ 从头开始构建和运行程序。本书还介绍了 JavaScript、Python、Java 和 Swift 的代码。希望深入研究这些部分的工程师若有 C++ 以外的编程语言知识则会更加受益。

本书的读者应该能够以各种方式安装 OpenCV。有些章需要安装 Python，而有些章则需要安装 Android。在随附的代码和文本中将详细讨论如何获取并安装它们。

下载示例代码及彩色图像

本书的示例代码及所有截图和样图，可以从 http://www.packtpub.com 通过个人账号下载，也可以访问华章图书官网 http://www.hzbook.com，通过注册并登录个人账号下载。

下载文件后，请确保使用以下最新版本解压缩文件夹：

- Windows 下，推荐使用 WinRAR/7-Zip
- Mac 下，推荐使用 Zipeg/iZip/UnRarX
- Linux 下，推荐使用 7-Zip/PeaZip

本书的代码也托管在 GitHub 中，网址为 https://github.com/PacktPublishing/Mastering-OpenCV-4-Third-Edition。如果代码有更新，它将在现有的 GitHub 存储库中进行更新。

可从 https://github.com/PacktPublishing/ 获得更丰富的书籍和视频清单中的其他代码包，去看看吧！

我们还提供了一个 PDF 文件，其中包含本书中使用的屏幕截图 / 图表的彩色图像。可以在 http://www.packtpub.com/sites/default/files/downloads/9781789533576_ColorImages.pdf 下载。

本书约定

本书中使用了许多排版约定。

文本代码（`Code In Text`）：表示正文中的代码、数据库表名、文件夹名、文件名、文件扩展名、路径名、URL、用户输入和 twitter 链接。下面是一个示例："要查看 SD 卡上的剩余空间，请运行 `df-h head-2`。"

代码块设置如下：

```
Mat bigImg;
 resize(smallImg, bigImg, size, 0,0, INTER_LINEAR);
 dst.setTo(0);
 bigImg.copyTo(dst, mask);
```

当我们希望引起你对代码块特定部分的注意时，相关的行或项目将以粗体显示：

```
Mat bigImg;
 resize(smallImg, bigImg, size, 0,0, INTER_LINEAR);
 dst.setTo(0);
 bigImg.copyTo(dst, mask);
```

命令行输入或输出的印刷方式如下：

```
sudo apt-get purge -y wolfram-engine
```

粗体：表示新术语、重要单词或你在屏幕上看到的单词。 例如，菜单或对话框中的单词会出现在这样的文本中："导航到 Media | Open Network Stream"。

警告或重要提示信息。

提示或技术信息。

ABOUT THE AUTHORS

作者简介

Roy Shilkrot是石溪大学计算机科学的助理教授，他领导着人群互动小组(Human Interaction group)。Shilkrot博士致力于计算机视觉、人机界面以及其交叉领域的研究，受美国联邦政府、纽约州和行业拨款资助。Shilkrot毕业于麻省理工学院（MIT）并获得博士学位，并撰写了25篇以上的论文，这些论文在CHI和SIGGRAPH等顶级计算机科学会议以及ACM Transaction on Graphics (TOG)和ACM Transactions on Computer-Human Interaction（ToCHI）等领先学术期刊上发表。Shilkrot博士还是多项专利技术的共同发明人，也是多本著作的合著者，是众多初创公司的科学顾问委员会的成员，拥有超过10年的工程师和企业家经验。

David Millán Escrivá 8岁那年，在8086 PC上用Basic语言编写了他的第一个程序，该程序可以对基础方程进行2D绘图。2005年，他在瓦伦西亚理工大学完成了他的IT学习，并利用OpenCV（v0.96）计算机视觉程序，在人机交互领域获得了好评。他有一个基于该主题的毕业设计项目，并将其发布在HCI西班牙大会上。他曾使用Blender（一个开源3D软件项目)，并作为计算机图形软件开发人员参与了他的第一个商业广告电影*Plumiferos-Aventuras voladoras*的制作。David现在拥有超过10年的IT经验，在计算机视觉、计算机图形和模式识别方面拥有丰富的经验，并运用他在计算机视觉、OCR和增强现实方面的知识与不同的项目和初创公司合作。他是DamilesBlog博客的作者，在那里他发表有关OpenCV、计算机视觉和光学字符识别算法的研究文章和教程。

ABOUT THE REVIEWERS

审阅者简介

Arun Ponnusamy 在印度一家初创公司（OIC Apps）担任高级计算机视觉工程师。他是一名终身学习者，对图像处理、计算机视觉和机器学习充满热情。他毕业于 PSG 技术学院的工程系，其职业生涯始于 MulticoreWare 公司，致力于图像处理、OpenCV、软件优化和 GPU 计算。

Arun 喜欢厘清计算机视觉概念，并在其博客上进行直观形象的解释。他创建了用于计算机视觉的开源 Python 库 `cvlib`，提供简洁友好的接口。他目前正在研究对象检测、生成网络和强化学习。

“我要感谢策划编辑 Shahnish Khan 和项目协调人 Vaidehi Sawant 给了我帮助改进本书内容的机会以及所有对我的鼓励。”

Marc Amberg 是一位经验丰富的机器学习和计算机视觉工程师，在 IT 和服务业有着丰富的工作经验。他拥有里尔大学（Lille I）的计算机科学（图像、视觉和交互）硕士学位，精通 Python、C/C++、OpenGL、3D 重构和 Java，工程背景强大。

Vikas Gupta 是一名计算机视觉研究人员，拥有印度最著名的科技学院——印度科技学院（Indian Institute of Science）的硕士学位。他的研究兴趣为机器感知、场景理解、深度学习和机器人技术。

他一直活跃在这一领域，担任各种角色，包括讲师、软件工程师和数据科学家。他热衷于教学和分享知识，花了 3 年时间为本科生教授计算机视觉、嵌入式系统和机器人技术，并在 3 年多时间里，从事涉及深度学习和计算机视觉的各种项目。他还在 LearnOpenCV 网站上与人合开了一门计算机视觉课程。

CONTENTS

目　　录

CHAPTER 1

第 1 章

树莓派上的卡通化和皮肤颜色分析

本章将介绍如何针对台式机和小型嵌入式系统，如树莓派（Raspberry Pi），编写图像处理滤波器。首先在台式机上（用 C/C++）开发，然后移植到树莓派上，这是嵌入式设备开发所推崇的方式。本章将介绍以下主题：

- 如何将现实生活中的图像转换为素描
- 如何将图像转换为绘画并将素描叠加上去生成卡通画
- 用恐怖的邪恶模式来创建坏人形象
- 通过基本的皮肤检测器和皮肤变色器，给某人绿色的外星人皮肤
- 最后，如何基于桌面应用程序来创建嵌入式系统

请注意，**嵌入式系统**大多是放置在产品或设备内的计算机主板，旨在执行特定任务，**树莓派**则是建立嵌入式系统的非常低成本和流行的主板：

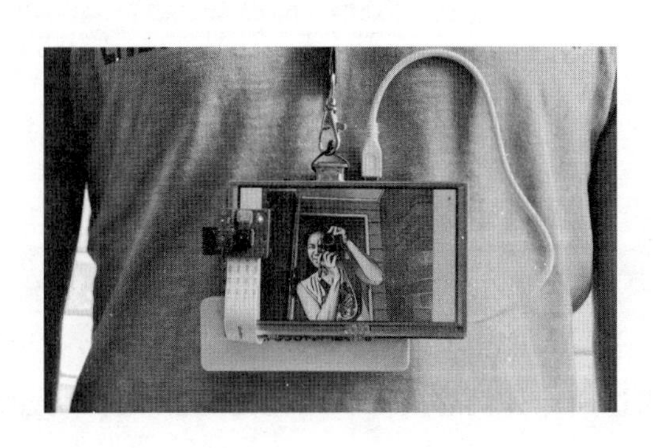

上面的图片展示了在本章学习之后的成果：你可以戴着一个有由电池供电的树莓派加屏幕参加漫展，把每个人都变成卡通人物！

本章希望使相机拍摄的现实世界看起来像卡通画一样。其基本思路是使用一些颜色来填充平整的部分，然后用粗线来绘制图像较为明显的边缘。换言之，就是使平整区域变得更平，边缘变得更清晰。我们将检测边缘，平滑平整区域，并重新绘制明显的边缘，以产生卡通或漫画书的效果。

在开发嵌入式计算机视觉系统时，最好先创建一个完整的桌面应用版本，再移植到嵌入式系统，因为开发和调试桌面程序比嵌入式系统更容易！因此，本章将从一个完整的卡通化桌面应用开始，读者可使用任何自己喜欢的 IDE（如，Visual Studio、XCode、Eclipse 或 QtCreator）。当其在 PC 上正确运行后，我们将在最后一节介绍如何基于桌面版本创建嵌入式系统。许多嵌入式项目需要为嵌入式系统定制一些代码，例如使用不同的输入和输出，或者针对特定平台进行代码优化。然而，对于本章，我们实际上将在嵌入式系统和桌面上运行相同的代码，因此我们只需创建一个项目。

本应用程序使用 OpenCV GUI（图形用户界面）窗口，初始化相机，并在处理相机的每帧时都调用 `cartoonifyImage()` 函数，该函数包含了本章的大多数代码。然后将处理后的图像显示在 GUI 窗口中。本章将介绍如何使用 USB 网络摄像头从零开始创建桌面应用程序，以及利用树莓派相机模块，创建基于此桌面应用程序的嵌入式系统。因此，首先你可以选择喜欢的 IDE 来创建桌面应用程序，其中包含 GUI 代码的 `main.cpp` 文件含有以下片段，例如主循环、摄像头功能以及键盘输入，同时，还要创建一个用于图像处理操作的 `cartoon.cpp` 文件，它包含一个 `cartoonifyImage()` 函数，本章大多数代码都会放在此函数中。

1.1 访问摄像头

你可以简单调用 `cv::VideoCapture` 对象的 `open()` 方法（它是 OpenCV 中访问相机设备的方法）来访问计算机的摄像头或相机设备。将默认的相机编号 `0` 传递给此函数。如果某些计算机连接了多个相机或者将 0 作为默认相机编号使程序不能运行，那么，将用户指定相机编号作为命令行参数通常能解决这类问题，比如：若想指定相机编号为 `1`、`2` 或 `-1`，这种方法就比较恰当。为了使程序在高分辨率相机上运行得更快，可用 `cv::VideoCapture::set()` 将相机的分辨率设置为 640 × 480。

注意：由于相机的模式、驱动或操作系统不同，OpenCV 可能无法改变某些相机的属性。这对本项目不重要，因此，此函数在你的摄像头上无法工作也别担心。

你可以将下面的代码放到 `main.cpp` 文件的 `main()` 函数中：

```
auto cameraNumber = 0;
if (argc> 1)
cameraNumber = atoi(argv[1]);

// Get access to the camera.
cv::VideoCapture camera;
camera.open(cameraNumber);
if (!camera.isOpened()) {
   std::cerr<<"ERROR: Could not access the camera or video!"<< std::endl;
   exit(1);
}

// Try to set the camera resolution.
camera.set(cv::CV_CAP_PROP_FRAME_WIDTH, 640);
camera.set(cv::CV_CAP_PROP_FRAME_HEIGHT, 480);
```

在摄像头被初始化后，可以将获取的当前相机图像作为 `cv::Mat` 对象（OpenCV 的图像容器）。你可以使用 `cv::VideoCapture` 的 C++ 流操作符来捕获相机的每一帧图像，放入 `cv::Mat` 对象中，这就像使用 C++ 流操作符从控制台获取输入一样。

注意：OpenCV 让从视频文件（如 AVI、MP4 文件）或网络流（取代网络摄像头）中捕获帧变得轻而易举。不是传递一个整数，如 `camera.open(0)` 就像它是一个摄像头一样，而是传递一个字符串，如 camera.open（“my_video.avi”），即可捕获帧。本书提供了 `initCamera()` 函数的源代码，它可以打开摄像头、视频文件或网络流。

1.2 桌面应用程序的相机处理主循环

如果想用 OpenCV 在屏幕上显示一个 GUI 窗口，你可以调用 cv::namedWindow() 函数，然后再为每张图像调用 cv::imshow() 函数。但你还必须每帧调用一次 cv::waitKey()，否则窗口根本不会更新！调用 cv::waitKey(0) 则会一直等待，直到用户在窗口中按下一个键，但是若将该函数的参数设为一个正数，例如 waitKey(20) 或更大的数值，它会至少等待对应的毫秒数。

将这个主循环放到 main.cpp 文件中，作为实时相机应用程序的骨架：

```
while (true) {
    // Grab the next camera frame.
    cv::Mat cameraFrame;
    camera >> cameraFrame;
    if (cameraFrame.empty()) {
        std::cerr<<"ERROR: Couldn't grab a camera frame."<<
        std::endl;
        exit(1);
    }
    // Create a blank output image, that we will draw onto.
    cv::Mat displayedFrame(cameraFrame.size(), cv::CV_8UC3);

    // Run the cartoonifier filter on the camera frame.
    cartoonifyImage(cameraFrame, displayedFrame);

    // Display the processed image onto the screen.
    imshow("Cartoonifier", displayedFrame);

    // IMPORTANT: Wait for atleast 20 milliseconds,
    // so that the image can be displayed on the screen!
    // Also checks if a key was pressed in the GUI window.
    // Note that it should be a "char" to support Linux.
    auto keypress = cv::waitKey(20); // Needed to see anything!
    if (keypress == 27) { // Escape Key
       // Quit the program!
       break;
    }
 }//end while
```

1.2.1 生成黑白素描

为了将相机帧转换为一幅素描（黑白图画），可用边缘检测滤波器；而要获得一幅彩色绘画，可采用边缘保留滤波器（双边滤波器）来进一步平滑平整区域，同时保持边缘完好。将素描叠加到彩色绘画上，便可得到一种卡通效果，如前面最终应用程序的屏幕截图所示。

有许多边缘检测滤波器，如 Sobel、Scharr 和 Laplacian 滤波器，或者 Canny 边缘检测器。本章将使用 Laplacian 边缘滤波器，因为同 Sobel 或 Scharr 相比，它所产生的边缘最接近手绘素描，并且它与 Canny 边缘检测非常一致，可以产生非常干净的线条图，而 Canny 边缘检测则更易受相机帧中随机噪声影响，因此线条图经常会在帧之间急剧变化。

尽管如此，在使用 Laplacian 边缘滤波器之前仍需对图像去噪。可使用中值滤波器来去噪，因为它可以在保持边缘的同时去除噪声，而且并不像双边滤波器那么慢。由于 Laplacian 边缘滤波器使用灰度图像，因而必须将 OpenCV 默认的 BGR 格式转换为灰度。将下列代码放在新建的空的 `cartoon.cpp` 文件的顶部，这样可在访问 OpenCV 和 STD C++ 模板时，不需要处处都加前缀 `cv::` 和 `std::`。

```
// Include OpenCV's C++ Interface
#include <opencv2/opencv.hpp>

using namespace cv;
using namespace std;
```

将下面的代码以及所有后续代码均放到 `cartoon.cpp` 文件的 `cartoonifyImage()` 函数内：

```
Mat gray;
cvtColor(srcColor, gray, CV_BGR2GRAY);
const int MEDIAN_BLUR_FILTER_SIZE = 7;
medianBlur(gray, gray, MEDIAN_BLUR_FILTER_SIZE);
Mat edges;
const int LAPLACIAN_FILTER_SIZE = 5;
Laplacian(gray, edges, CV_8U, LAPLACIAN_FILTER_SIZE);
```

Laplacian 滤波器能生成不同亮度的边缘，为了使边缘看上去更像素描，可采用二值化阈值来使边缘只有黑白两色：

```
Mat mask;
const int EDGES_THRESHOLD = 80;
threshold(edges, mask, EDGES_THRESHOLD, 255, THRESH_BINARY_INV);
```

下面这幅图的左边是原图，而右边则是生成的边缘掩码，看起来类似于素描。在生成彩色绘画（稍后解释）之后，我们将会把此边缘掩码蒙在上面来绘制黑色线条：

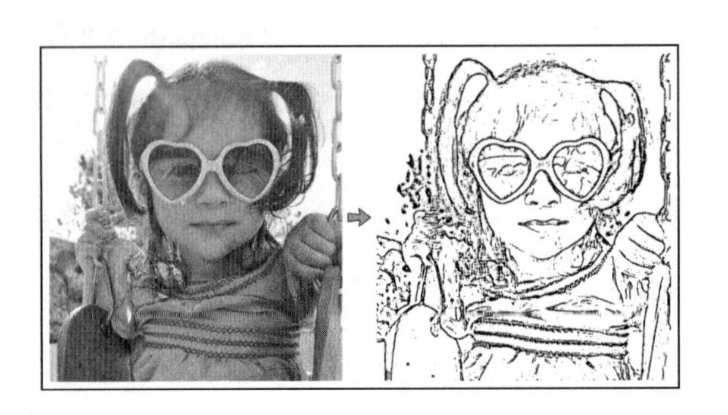

1.2.2 生成彩色绘画和卡通

强大的双边滤波器可平滑平整区域，同时保持边缘锐利，因此它作为一个自动的卡通化或绘画滤波器是很不错的，其缺点是效率低（即该滤波器运行的时间要按秒，甚至要按分钟而不是毫秒来计算）。因此，本书采取一些技巧来获得一张漂亮的卡通化图像，同时速度也可以接受。最重要的技巧在于：在低分辨率下执行双边滤波器，它仍与全分辨率效果类似，但运行速度更快。例如，我们将像素总数减少至 1/4（图像的宽和高各减少一半）：

```
Size size = srcColor.size();
Size smallSize;
smallSize.width = size.width/2;
smallSize.height = size.height/2;
Mat smallImg = Mat(smallSize, CV_8UC3);
resize(srcColor, smallImg, smallSize, 0,0, INTER_LINEAR);
```

可通过多个小型双边滤波器来代替一个大型双边滤波器，从而在较短时间内得到很好的卡通化效果，本书通过截断滤波器（见下图）来代替执行整个滤波器（例如若钟形曲线有 21 个像素宽，则整个滤波器大小为 21×21），截断滤波器是指能达到满意效果的最小滤波器（例如，虽然钟形曲线的大小为 21×21，但仅使用 9×9 的滤波器就可以达到满意效果）。截断滤波器会使用滤波器的主要部分（下图曲线的灰色区域）而不会浪费时间在滤波器的较小部分（下图曲线的白色区域）上，这样会使滤波器的效率提高几倍：

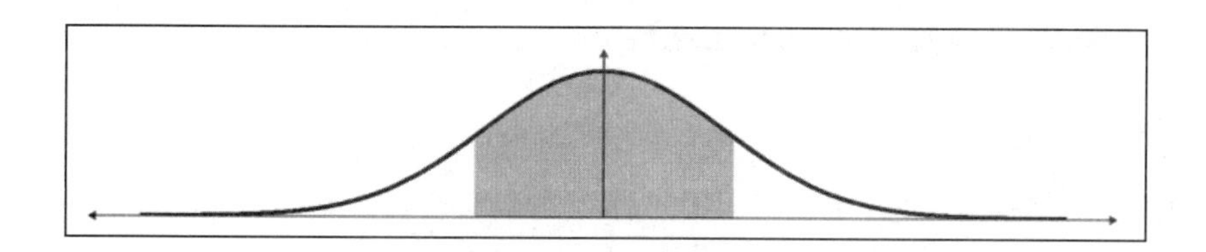

因此，有四个参数来控制这个双边滤波器：色彩强度、位置强度、大小和重复次数。bilateralFilter() 函数不能覆盖其输入（这称为**就地处理**），因此需要一个临时变量 Mat，该变量作为一个滤波器的输出，并充当另外一个滤波器的输入：

```
Mat tmp = Mat(smallSize, CV_8UC3);
auto repetitions = 7; // Repetitions for strong cartoon effect.
for (auto i=0; i<repetitions; i++) {
    auto ksize = 9; // Filter size. Has large effect on speed.
    double sigmaColor = 9; // Filter color strength.
    double sigmaSpace = 7; // Spatial strength. Affects speed.
    bilateralFilter(smallImg, tmp, ksize, sigmaColor, sigmaSpace);
    bilateralFilter(tmp, smallImg, ksize, sigmaColor, sigmaSpace);
}
```

注意该处理过程，使用的是缩小后的图像，因此，在处理后需将图像恢复到原来的大小，然后叠加前面得到的边缘掩码。为了将边缘掩码素描效果叠加到由双边滤波器所产生的绘画上（下面图中左边那幅图像），可以从黑色背景开始，并复制素描掩码中不含边缘的绘画像素：

```
Mat bigImg;
 resize(smallImg, bigImg, size, 0,0, INTER_LINEAR);
 dst.setTo(0);
 bigImg.copyTo(dst, mask);
```

这会得到原图的卡通版，如右图所示，从而将素描掩码覆盖到彩色绘画上：

1.2.3　用边缘滤波器来生成邪恶模式

卡通和漫画总有好人物和坏人物。通过边缘滤波器的恰当组合，可将无辜的人物图像变成可怕的图像！其技巧是通过使用小的边缘滤波器，这些滤波器能找到图像各处的边缘，然后使用小的中值滤波器来合并这些边缘。

在降噪后的灰度图像上执行以上操作，之前将原图像转换成灰度图像的代码和 7×7 的中值滤波器都可以用上（下面的第一张图显示灰度中值模糊的输出）。接下来，不再使用 Laplacian 滤波器与二值化阈值，而是沿着 x 和 y 方向采用 3×3 的 Scharr 梯度滤波器（见下面的第二张图）就能得到可怕的外观，然后再采用截断值很低的二值化阈值方法（见下面的第三张图）和 3×3 的中值模糊，就可以得到邪恶掩码（见下面的第四张图）：

```
Mat gray;
 cvtColor(srcColor, gray, CV_BGR2GRAY);
 const int MEDIAN_BLUR_FILTER_SIZE = 7;
 medianBlur(gray, gray, MEDIAN_BLUR_FILTER_SIZE);
 Mat edges, edges2;
 Scharr(srcGray, edges, CV_8U, 1, 0);
 Scharr(srcGray, edges2, CV_8U, 1, 0, -1);
 edges += edges2;
 // Combine the x & y edges together.
 const int EVIL_EDGE_THRESHOLD = 12
 threshold(edges, mask, EVIL_EDGE_THRESHOLD, 255,
 THRESH_BINARY_INV);
 medianBlur(mask, mask, 3)
```

下面第四张图像展示了应用邪恶的效果：

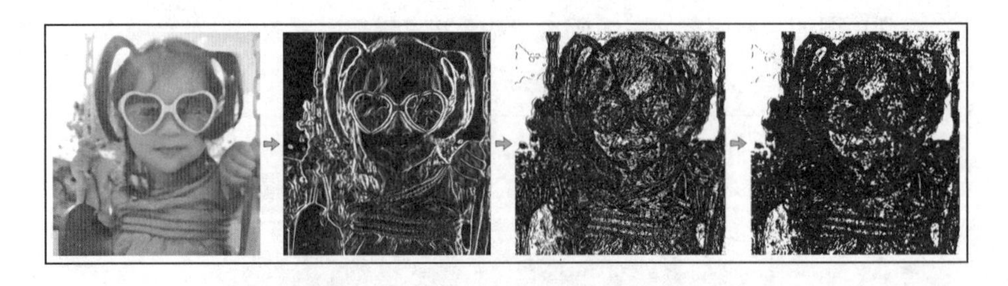

现在我们有一个邪恶的掩码，可以将这个掩码覆盖在卡通化的绘画上，就如我们使用常规素描边缘掩码所做的那样。最终结果显示在下图的右侧：

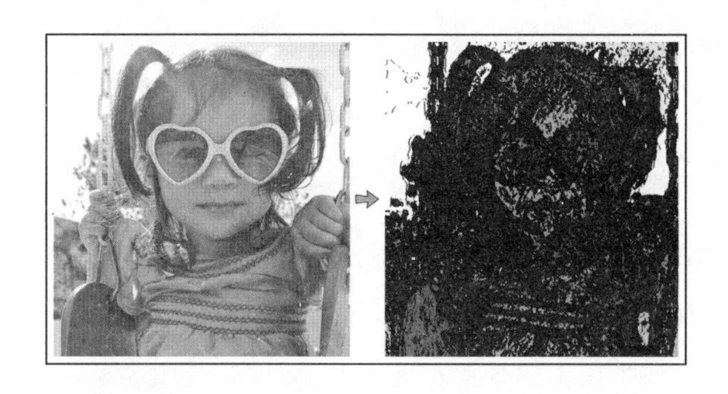

1.2.4　用皮肤检测来生成外星人造型

前面已经生成了素描模式、卡通模式（绘画加素描掩码）和邪恶模式（绘画加邪恶掩码），为了好玩，让我们来尝试一些更复杂的东西：外星人模式。通过检测面部的皮肤区域，然后将皮肤颜色改变为绿色。

1.2.4.1　皮肤检测算法

有很多不同的检测皮肤区域的技术，从简单的使用 RGB（Red-Green-Blue）或 HSV（Hue-Saturation-Brightness）的颜色阈值法，或者颜色直方图计算和重投影，到基于混合模型的复杂机器学习算法等，这些复杂的算法需要在 CIELab 颜色空间对相机标定并且需要用人脸样本数据进行离线训练。但即便是复杂的算法，对不同的相机、光照条件和皮肤类型也不一定能稳健地工作。因为我们希望皮肤检测能够在嵌入式设备上运行，而不需要标定或训练，并且我们仅需要用皮肤检测来做一个有趣的图像滤波器，因此在这里使用简单的皮肤检测算法就足够了。然而，树莓派相机模块中的微型相机传感器对颜色的反应往往变化很大，我们希望在没有标定的情况下对任何肤色的人进行皮肤检测，所以需要比简单的颜色阈值更强大的东西。

例如，当色调较红、饱和度较高（但不是极高）、亮度不太黑或太亮时，一个简单的 HSV 皮肤检测器就会将这些区域的所有像素都当成皮肤。但是手机相机或者树莓派相机模块通常白平衡差，因此一个人的皮肤看上去要偏蓝而不是偏红，这也是使用简单 HSV 阈值法面临的主要问题。

更好的解决方案是使用 Haar 或 LBP 级联分类器来执行人脸检测（第 5 章会介绍），

然后查看检测到的脸部中间像素的颜色范围，因为实际人物的皮肤像素事先知道，然后对有相似颜色的像素进行全图或邻域扫描，以确定人脸中心。这样做的好处是不管人的肤色如何，甚至他们的皮肤在图像中偏蓝或偏红，都有可能找到一些真实皮肤区域。

遗憾的是，使用级联分类器的人脸识别算法在目前的嵌入式设备上运行缓慢，因此这类算法不太适合实时嵌入式应用。另一方面，我们可以利用移动应用和一些嵌入式系统的（移动）优势，可假定用户能拿着相机从很近的距离直接对准一个人的脸，因此要求用户将人脸放在指定位置并与相机保持一定的距离是完全合理的，这样就不需要去检测位置和人脸大小。这也是很多手机应用会要求用户将脸放在正确位置或用手动拖动屏幕上的点来确定人脸在图像中的位置的基础。因此，让我们在屏幕中间简单地画一个人脸轮廓，并要求用户将他们的脸移动到所显示的位置和大小。

1.2.4.2　显示用户放置脸的位置

当外星人模式首次启动时，我们将在相机屏幕上画出脸部轮廓，让用户知道将脸放置在哪个位置。以固定的宽高比 0.72 来画一个大椭圆，它占整个图像高度的 70%，这样根据相机的纵横比，脸部不会变得太瘦或太胖：

```
// Draw the color face onto a black background.
 Mat faceOutline = Mat::zeros(size, CV_8UC3);
 Scalar color = CV_RGB(255,255,0); // Yellow.
 auto thickness = 4;

 // Use 70% of the screen height as the face height.
 auto sw = size.width;
 auto sh = size.height;
 int faceH = sh/2 * 70/100; // "faceH" is radius of the ellipse.

 // Scale the width to be the same nice shape for any screen width.
 int faceW = faceH * 72/100;
 // Draw the face outline.
 ellipse(faceOutline, Point(sw/2, sh/2), Size(faceW, faceH),
 0, 0, 360, color, thickness, CV_AA);
```

为了让它看上去更像是一张脸，让我们画出两只眼睛的轮廓。为了让所画的眼睛看上去更加真实（参见下图），不要直接用椭圆作为眼睛轮廓，而是用上椭圆作为眼睛的上半部分，下椭圆作为眼睛的下半部分。为此，我们可以通过对 `ellipse()` 函数指定开始和结束角度来实现：

```
// Draw the eye outlines, as 2 arcs per eye.
 int eyeW = faceW * 23/100;
 int eyeH = faceH * 11/100;
 int eyeX = faceW * 48/100;
 int eyeY = faceH * 13/100;
 Size eyeSize = Size(eyeW, eyeH);

 // Set the angle and shift for the eye half ellipses.
 auto eyeA = 15; // angle in degrees.
 auto eyeYshift = 11;

 // Draw the top of the right eye.
 ellipse(faceOutline, Point(sw/2 - eyeX, sh/2 -eyeY),
 eyeSize, 0, 180+eyeA, 360-eyeA, color, thickness, CV_AA);

 // Draw the bottom of the right eye.
 ellipse(faceOutline, Point(sw/2 - eyeX, sh/2 - eyeY-eyeYshift),
 eyeSize, 0, 0+eyeA, 180-eyeA, color, thickness, CV_AA);
// Draw the top of the left eye.
ellipse(faceOutline, Point(sw/2 + eyeX, sh/2 - eyeY),
eyeSize, 0, 180+eyeA, 360-eyeA, color, thickness, CV_AA);

// Draw the bottom of the left eye.
ellipse(faceOutline, Point(sw/2 + eyeX, sh/2 - eyeY-eyeYshift),
eyeSize, 0, 0+eyeA, 180-eyeA, color, thickness, CV_AA);
```

可用这样的方法来画下嘴唇：

```
// Draw the bottom lip of the mouth.
 int mouthY = faceH * 48/100;
 int mouthW = faceW * 45/100;
 int mouthH = faceH * 6/100;
 ellipse(faceOutline, Point(sw/2, sh/2 + mouthY), Size(mouthW,
 mouthH), 0, 0, 180, color, thickness, CV_AA);
```

为了提示用户将脸放在指定位置，可在屏幕上显示一条提示信息！

```
// Draw anti-aliased text.
 int fontFace = FONT_HERSHEY_COMPLEX;
 float fontScale = 1.0f;
 int fontThickness = 2;
 char *szMsg = "Put your face here";
 putText(faceOutline, szMsg, Point(sw * 23/100, sh * 10/100),
 fontFace, fontScale, color, fontThickness, CV_AA);
```

现在可将已画好的人脸轮廓叠加到要显示的图像上，使用 alpha 混合来将卡通图像与该轮廓相结合。

```
addWeighted(dst, 1.0, faceOutline, 0.7, 0, dst, CV_8UC3);
```

最终得到人脸结果如下图，这里并没有检测人脸的位置，因为用户可将人脸放置在这个轮廓中：

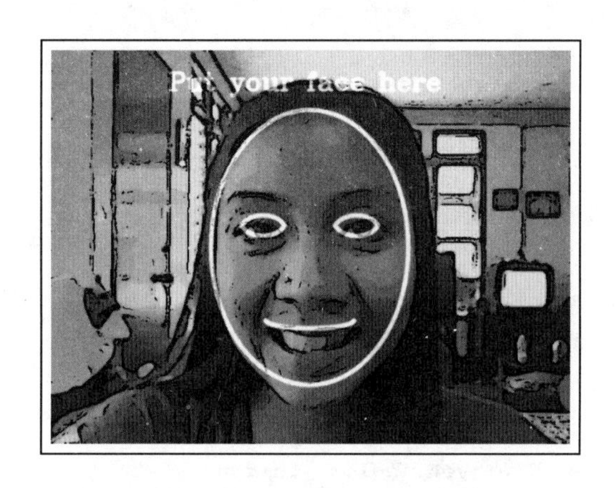

1.3 皮肤变色器的实现

无须去检测皮肤颜色和所在的区域，只需使用 OpenCV 的 floodFill() 函数即可，该函数类似于大多数图像处理软件中的颜料桶工具。我们知道屏幕中间区域就是皮肤像素（因为要求用户将他们的脸放在中间）。为了将整个人脸变成绿色皮肤，只需对图像中心位置的像素进行绿色漫水填充，这样做总能让人脸的某些部分变成绿色。实际上，颜色、饱和度和亮度在脸部的不同部位可能会有所不同，这会使漫水填充很少覆盖面部的所有像素，除非将其阈值设为很低以至于覆盖人脸以外的不想要的像素。为了解决这个问题，可在图像中心区域不采用单个的漫水填充，而是对人脸区域中 6 个不同的皮肤像素点进行漫水填充。

OpenCV 的 `floodFill()` 函数有一个很好的特性，它会将漫水填充的效果绘制到新的图像中而不（直接）修改输入图像。这一特性可得到一幅掩码图像，该图像用来调整皮肤像素的颜色而不必改变亮度和饱和度，产生比所有皮肤都为绿色像素的图像（这会导致重要脸部细节丢失）更为逼真的图像。

在 RGB 颜色空间改变皮肤颜色效果并不好，因为改变皮肤颜色需要改变脸部图像的亮度，但皮肤颜色不允许变化太大，而 RGB 无法从色彩中分离亮度。解决该问题的方法之一是采用 HSV 颜色空间，因为它能将亮度与色彩（色调）以及色度（饱和度）分开。不幸的是，HSV 将色调值包裹在红色周围，又因为皮肤大多是红色的，这就意味着需要同时使用 <10% 和 >90% 的色调值，因为在这里它们都是红色。所以，我们可使用 Y’CrCb 颜色空间（OpenCV 中的 YUV 空间的变种）来解决此问题。Y’CrCb 颜色空间不仅能将颜色和亮度分开，而且对于通常的皮肤颜色，其取值只有一种。注意，实际上对于大多数相机而言，其图像和视频在转换成 RGB 前都使用某种 YUV 类型作为颜色空间，所以在很多情形下可直接得到 YUV 图像，无须自己转换。

由于我们想获得像卡通画一样的外星人模式，可对图像进行卡通化之后再用外星人滤波器。换言之，可使用由双边滤波器产生的缩小颜色图像和全尺寸的边缘掩码。皮肤检测通常在低分辨率下工作较好，因为它与分析高分辨率像素的近邻的平均值等价（或者可看作是用低频信号代替高频噪声信号）。接下来的工作是在对图像进行缩放后进行的，其缩放大小与用双边滤波器处理图像时一样（即只取图像一半的宽度和高度）。下面先将绘画图像转换为 YUV：

```
Mat yuv = Mat(smallSize, CV_8UC3);
cvtColor(smallImg, yuv, CV_BGR2YCrCb);
```

我们还需要缩小边缘掩码，使其与绘画图像的比例相同。当存储一幅单独的掩码图像时，若用 OpenCV 的 `floodFill()` 函数会遇到困难，即掩码图像应在整个图像周围用 1 个像素作边界，若输入图像大小为 $W \times H$ 个像素，则单独的掩码图像大小为（W 运算符 2）×（H 运算符 2）个像素。但 floodFill() 函数也允许初始化边缘掩码来确保漫水填充算法不会越界。使用这一特性，可防止漫水填充的区域扩展到人脸外面。因此，需要提供两幅掩码图像：一幅的边缘掩码大小为 $W \times H$，另一幅则因为包含了图像的边界，所以大小为（W 运算符 2）×（H 运算符 2），边缘掩码相同。可让多个 `cv::Mat` 对象（或头部）引用同一数据，或者甚至可让一个 cv::Mat 对象引用另一个 cv::Mat 图像的区域。因此，无须分配两个分离的图像，然后复制边缘掩码给它们，只需分配一个包含边界的掩码图像并创建一个额外的大小为 $W \times H$ 的 cv::Mat 头部（这仅是在没有边界的情况下引用漫水填充掩码中的感兴趣区域）。换句话说，仅仅只有一个（W 运算符 2）×（H 运算符 2）大小的像素数组，但有两个 cv::Mat 对象，其中一个引用整个（W 运算符 2）×（H 运算符 2）大小的图像，另一个引用图像中间大小为 $W \times H$ 的区域：

```
auto sw = smallSize.width;
auto sh = smallSize.height;
Mat mask, maskPlusBorder;
maskPlusBorder = Mat::zeros(sh+2, sw+2, CV_8UC1);
mask = maskPlusBorder(Rect(1,1,sw,sh));
// mask is now in maskPlusBorder.
resize(edges, mask, smallSize); // Put edges in both of them.
```

整个边缘掩码有强边缘也有弱边缘（如下图的左图所示），但我们只想要强边缘，所以将采用二值化阈值法来过滤（效果见下图的中图）。为了在边缘之间加入一些间隙，我们将结合形态算子 dilate() 和 erode() 来消除一些间隙（也称为关闭算子），结果见下图的右图：

```
const int EDGES_THRESHOLD = 80;
 threshold(mask, mask, EDGES_THRESHOLD, 255, THRESH_BINARY);
 dilate(mask, mask, Mat());
 erode(mask, mask, Mat());
```

我们可以在下图中看到应用阈值化和形态算子的结果，第一幅图是输入边缘图，第二幅是经过阈值化滤波器得到的图像，最后一幅是经过膨胀和侵蚀形态滤波器的图像：

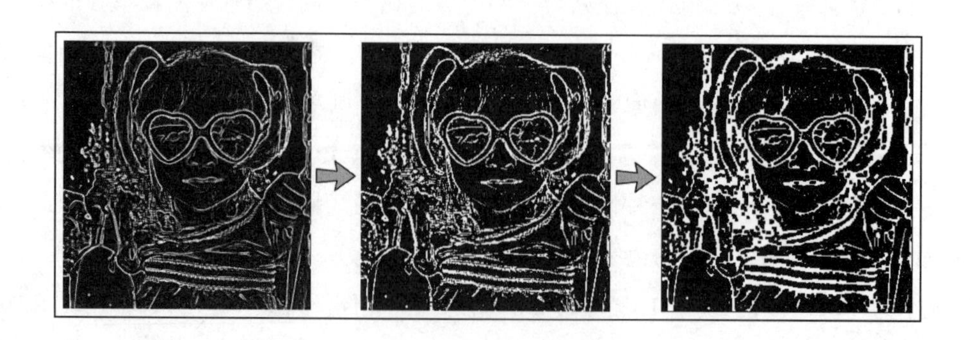

如前所述，我们希望对脸部周围的许多像素点使用漫水填充算法，从而确保包含了整个人脸图像的各种颜色和色调。我们选择鼻子、脸颊和前额周围的六个点，如下面屏幕截图的左侧所示。注意，这些值取决于前面绘制的脸部轮廓：

```
auto const NUM_SKIN_POINTS = 6;
Point skinPts[NUM_SKIN_POINTS];
skinPts[0] = Point(sw/2, sh/2 - sh/6);
skinPts[1] = Point(sw/2 - sw/11, sh/2 - sh/6);
skinPts[2] = Point(sw/2 + sw/11, sh/2 - sh/6);
skinPts[3] = Point(sw/2, sh/2 + sh/16);
skinPts[4] = Point(sw/2 - sw/9, sh/2 + sh/16);
skinPts[5] = Point(sw/2 + sw/9, sh/2 + sh/16);
```

现在，仅需要为漫水填充找到一些好的下界和上界。注意，漫水填充算法基于Y’CrCb 颜色空间，因此基本上可以决定亮度、红色分量、蓝色分量变化多少。我们希望允许包括阴影、高亮、反射在内的亮度变化较大，但不希望颜色变化很大：

```
const int LOWER_Y = 60;
 const int UPPER_Y = 80;
 const int LOWER_Cr = 25;
 const int UPPER_Cr = 15;
 const int LOWER_Cb = 20;
 const int UPPER_Cb = 15;
 Scalar lowerDiff = Scalar(LOWER_Y, LOWER_Cr, LOWER_Cb);
 Scalar upperDiff = Scalar(UPPER_Y, UPPER_Cr, UPPER_Cb);
```

调用 `floodFill()` 函数时，除了存储外部掩码需要指定参数 `FLOODFILL_MASK_ONLY` 外，其他参数默认：

```
const int CONNECTED_COMPONENTS = 4; // To fill diagonally, use 8.
const int flags = CONNECTED_COMPONENTS | FLOODFILL_FIXED_RANGE
| FLOODFILL_MASK_ONLY;
Mat edgeMask = mask.clone(); // Keep a copy of the edge mask.
// "maskPlusBorder" is initialized with edges to block floodFill().
for (int i = 0; i < NUM_SKIN_POINTS; i++) {
  floodFill(yuv, maskPlusBorder, skinPts[i], Scalar(), NULL,
  lowerDiff, upperDiff, flags);
}
```

下图左边有六个漫水填充的位置（见小圆圈），右边图像显示生成的外部掩码，其中皮肤为灰色，边缘为白色。注意右图已针对本书进行了修改，以便使皮肤像素（值为 `1`）清晰可见：

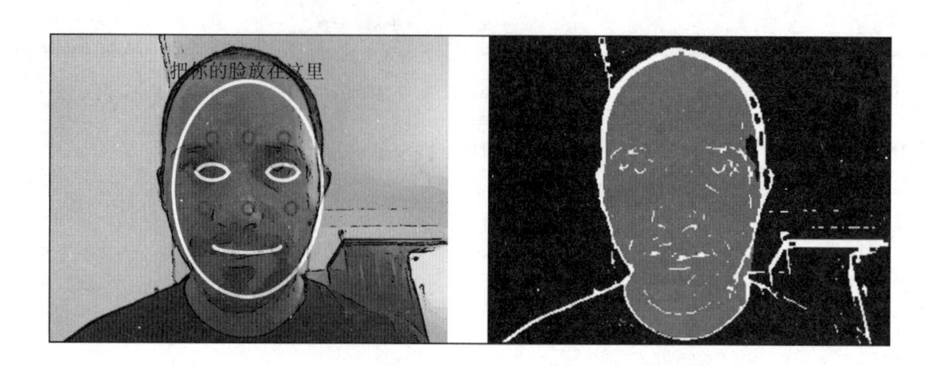

图像变量 mask（上面的右图为它对应的图像）包含以下的值：

- 值为 255 的边缘像素
- 值为 1 的皮肤像素
- 其余值为 0 的像素

其间，变量 edgeMask 仅包含边缘像素（值为 255）。因此为了得到皮肤像素，可从变量中移除边缘：

```
mask -= edgeMask;
```

变量 mask 现在仅包含值为 1 的皮肤像素和值为 0 的非皮肤像素。为了改变原图的皮肤颜色和亮度，可使用带有皮肤掩码的 cv::add() 函数来增加原始 BGR 图像中的绿色成分：

```
auto Red = 0;
auto Green = 70;
auto Blue = 0;
add(smallImgBGR, CV_RGB(Red, Green, Blue), smallImgBGR, mask);
```

下图展示了左边的原图和右边最终的外星人卡通图，其中脸部至少有六个部分是绿色的了！

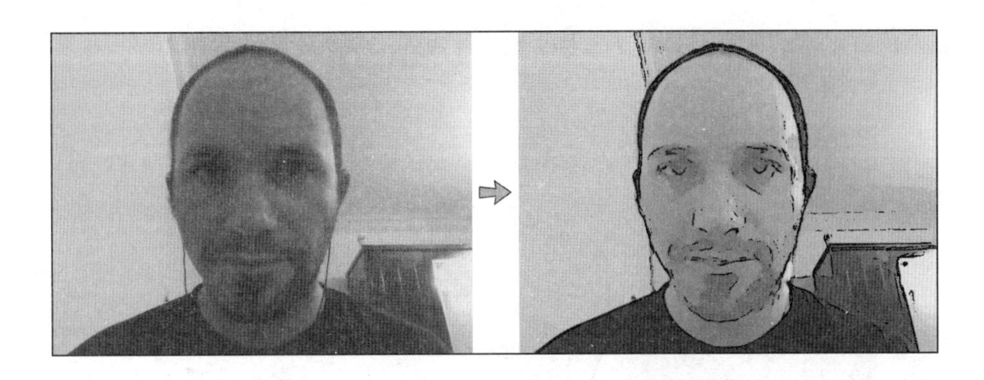

请注意，我们已经使皮肤看起来更绿，但也更亮（看起来像一个在黑暗中发光的外星人）。如果你只想改变肤色而不使它更亮，可以使用其他颜色更改方法，例如将绿色分量加到 `70`，同时红色和蓝色分量减少 `70`，或者使用 `cvtColor(src, dst, "CV_BGR2HSV_FULL")` 将图像转换成 HSV 颜色空间，并调整色度和饱和度。

降低素描图像的随机椒盐噪声

大多数智能手机的微型相机、树莓派相机模块和一些摄像头都有明显的图像噪声。这通常可以接受，但对于 5 × 5 的 Laplacian 边缘滤波器则影响很大。边缘掩码（素描模式显示）经常会有很多黑色小斑点，它们被称为**椒盐噪声**，由白色背景上相邻的几个黑色像素组成。我们已经在使用中值滤波器了，通常强度足以去除椒盐噪声，但现有情况下则可能不够强。因为边缘掩码大多为带着一些黑色边缘（值为 0）的纯白色背景（值为 255）和噪点（值也为 0）。我们可使用标定的闭形态算子，但那会消除很多边缘。因此，本项目采用一个自定义滤波器，用于删除被白色像素完全包围的小黑色区域像素。这样可以消除很多噪声，同时对实际的边缘影响不大。

我们将扫描图像中的黑色像素，在每个黑色像素处，我们将检查它周围 5 × 5 正方形区域的边界像素是否为白色，如果它们都为白色，则说明有一个黑色噪声小岛，可用白色像素来填充整个块以去除黑色小岛。为了简化 5 × 5 滤波器，可忽略掉图像周围边框的两个像素，并保持其原样。

下图左边的原始图像来自 Android 平板电脑，中间图像为素描模式，带有椒盐噪声的小黑点，右图显示了使用上述方法删除椒盐噪声的结果，皮肤看起来干净了很多：

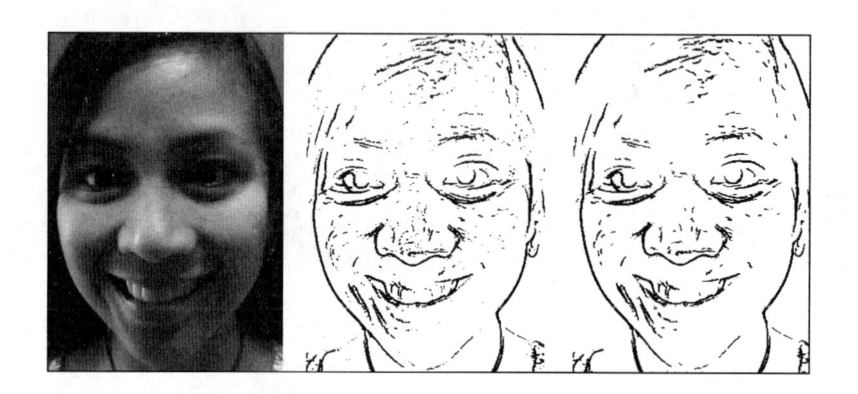

为方便起见，我们封装了名为 removePepperNoise() 的函数来处理图像，其代码如下：

```
void removePepperNoise(Mat &mask)
{
    for (int y=2; y<mask.rows-2; y++) {
    // Get access to each of the 5 rows near this pixel.
    uchar *pUp2 = mask.ptr(y-2);
    uchar *pUp1 = mask.ptr(y-1);
    uchar *pThis = mask.ptr(y);
    uchar *pDown1 = mask.ptr(y+1);
    uchar *pDown2 = mask.ptr(y+2);

    // Skip the first (and last) 2 pixels on each row.
    pThis += 2;
    pUp1 += 2;
    pUp2 += 2;
    pDown1 += 2;
    pDown2 += 2;
    for (auto x=2; x<mask.cols-2; x++) {
       uchar value = *pThis; // Get pixel value (0 or 255).
       // Check if it's a black pixel surrounded bywhite
      // pixels (ie: whether it is an "island" of black).
      if (value == 0) {
         bool above, left, below, right, surroundings;
         above = *(pUp2 - 2) && *(pUp2 - 1) && *(pUp2) && *(pUp2 + 1)
           && *(pUp2 + 2);
         left = *(pUp1 - 2) && *(pThis - 2) && *(pDown1 - 2);
         below = *(pDown2 - 2) && *(pDown2 - 1) && (pDown2) &&
           (pDown2 + 1) && *(pDown2 + 2);
         right = *(pUp1 + 2) && *(pThis + 2) && *(pDown1 + 2);
         surroundings = above && left && below && right;
         if (surroundings == true) {
```

```
                // Fill the whole 5x5 block as white. Since we
                // knowthe 5x5 borders are already white, we just
                // need tofill the 3x3 inner region.
                *(pUp1 - 1) = 255;
                *(pUp1 + 0) = 255;
                *(pUp1 + 1) = 255;
                *(pThis - 1) = 255;
                *(pThis + 0) = 255;
                *(pThis + 1) = 255;
                *(pDown1 - 1) = 255;
                *(pDown1 + 0) = 255;
                *(pDown1 + 1) = 255;
                // Since we just covered the whole 5x5 block with
                // white, we know the next 2 pixels won't be
                // black,so skip the next 2 pixels on the right.
                pThis += 2;
                pUp1 += 2;
                pUp2 += 2;
                pDown1 += 2;
                pDown2 += 2;
            }
        }
        // Move to the next pixel on the right.
        pThis++;
        pUp1++;
        pUp2++;
        pDown1++;
        pDown2++;
        }
    }
}
```

就这样了！反复测试你的应用程序，直到准备好移植到嵌入式设备！

1.4　从桌面移植到嵌入式设备

桌面程序运行成功后，我们就可以从中构建一个嵌入式系统程序。虽然本节给出的详细说明是专门针对树莓派的，但是类似的步骤也适合其他嵌入式 Linux 系统的开发，比如 BeagleBone、ODROID、Olimex、Jetson 等。

在嵌入式系统上运行代码有几种不同的选择，每种选择对应不同的场景，都有各自的优缺点。

有两种常用方法用于编译嵌入式设备的代码：

- 将源代码从桌面复制到设备上，并直接在设备上进行编译。这通常被称为**本机编译**，因为我们在最终运行代码的系统上本地编译代码。
- 在桌面上编译所有代码，但需要使用特殊方法为设备生成专用代码，然后将最终的可执行程序复制到设备上，这通常被称为**交叉编译**，它需要特殊的编译器，这种编译器知道如何为其他类型的 CPU 生成代码。

交叉编译通常比本机编译更难配置，特别是在使用了许多共享库的情况下。但由于桌面通常比嵌入式设备快得多，因此在编译大型项目时交叉编译通常要快得多。如果你需要工作几个月，编译项目数百次，这个时候与台式机相比，你的设备就相当慢了。例如，树莓派 1 或者树莓派 Zero，它们与台式机相比非常慢，这时就可采用交叉编译。但在大多数情况下，特别是对于小型简单的项目，你应该坚持使用本地编译，因为它更容易。

请注意，项目使用的所有库也需要为设备编译，所以你需要为设备编译 OpenCV。在树莓派 1 上本地编译 OpenCV 需花费几个小时，而在桌面上交叉编译 OpenCV 可能仅需 15 分钟。但是通常只需要编译一次 OpenCV，然后就可以对所有项目使用它，所以在大多数情况下，仍然值得坚持使用项目的本地编译（包括 OpenCV 的本地编译）。

如何在嵌入式系统上运行代码有以下几个选择：

- 使用与桌面相同的输入和输出方法，例如相同的视频文件、USB 网络摄像头或键盘作为输入，并在 HDMI 监视器上显示文本或图形，一切与桌面相同。
- 使用特殊设备进行输入和输出。例如，使用特殊的树莓派相机模块进行视频输入，使用自定义 GPIO 按钮或传感器输入，使用一个 7 英寸（1 英寸 =0.0254 米）MIPI DSI 屏幕或 GPIO LED 灯作为输出，而非使用 USB 网络摄像头和键盘作为输入并在桌面显示器上显示输出。然后再使用普通的**便携式 USB 充电器**为它们供电，你可以将整个电脑平台放到你的背包里，或者绑到你的自行车上！
- 另一种选择是将数据从嵌入式设备流入或流出到其他计算机，或者甚至使用一个设备输出相机数据，另一个设备来使用该数据。例如，你可以使用 GStreamer 框架配置树莓派，或者通过以太网或 Wi-Fi，将 H.264 压缩视频从其相机模块传输到网络上，以便强大的 PC 或者本地网络服务器机架或者 Amazon AWS 云计算服务可以在其他地方处理视频流。这种方法允许在需要大量处理资源的复杂项目中使用小而便宜的相机设备。

如果你希望在设备上执行计算机视觉程序，注意一些低成本嵌入式设备的限制，如树莓派 1、树莓派 Zero 和 BeagleBone Black，这些设备的计算能力远远低于台式机，甚至不如便宜的笔记本电脑或者智能手机，所用时间可能是桌面的 10 ～ 50 倍。因此如前所述，根据应用程序的需求，你可能需要功能强大的嵌入式设备或将视频流式传输到单独的计算机。如果你不需要太多的计算能力（例如，只需要每两秒处理一帧，或者仅需要使用 160×120 的图片分辨率），那么在树莓派 Zero 上运行就足以满足需求。但是许多计算机视觉系统需要更强的计算能力，因此如果你想在设备上执行计算机视觉系统，要使用速度更快的设备，其 CPU 在 2GHz 范围内，如树莓派 3[⊖]、ODROID-XU4 或者 Jetson TK1[⊜]。

1.4.1 用于开发嵌入式设备代码的设备配置

首先，尽可能地简单，像使用台式机一样，通过使用 USB 键盘和鼠标以及 HDMI 监视器，在树莓派上进行本地编译并运行代码。第一步是将代码复制到设备上，安装构建工具，在嵌入式系统上编译 OpenCV 和源代码。

许多嵌入式设备（例如树莓派）都有一个 HDMI 端口和至少一个 USB 端口。因此，开始使用嵌入式设备的最简单方法是在使用台式机进行代码开发和测试的同时，为设备插入 HDMI 监视器和 USB 键盘和鼠标，配置设置并查看输出。如果有你备用的 HDMI 监视器，把它插到设备上，但是如果没有，你可以考虑购买仅适用于你的嵌入式设备的小型 HDMI 屏幕。

此外，如果你没有备用的 USB 键盘和鼠标，可以考虑购买具有单个 USB 无线接入器的无线键盘和鼠标，因此你需要使用一个 USB 端口来连接键盘和鼠标。许多嵌入式设

⊖ 最新版本的树莓派 4 已经上市。——译者注

⊜ Jetson TK1 已经停产，NVIDIA 使用 TX 系列来代替它。——译者注

备使用 5V 电源，但它们通常需要的功率（电流）比台式机或笔记本电脑的 USB 端口所提供的更大。所以，你应该准备一个单独的 5V USB 充电器（至少 1.5A，理想情况下为 2.5A）或是一个可提供至少 1.5A 的输出电流的便携式 USB 电池充电器。你的设备在大多数时间只能使用 0.5A，但偶尔会需要超过 1A 的电流，因此使用额定电流至少为 1.5A 或更高的电源非常重要，否则你的设备偶尔会重启或者某些硬件在重要时刻可能会不正常，或者文件系统可能会损坏并丢失文件！如果你不使用相机或配件，1A 就足够了，但 2.0 ～ 2.5A 会更可靠。

例如，下图展示了一个便捷的设置，包含树莓派 3、10 美元的优质 8GB micro-SD 卡（http://ebay.to/2ayp6Bo）、30 ～ 45 美元的 5 英寸 HDMI 电阻式触摸屏（http://bit.ly/2aHQO2G）、30 美元的无线 USB 键盘和鼠标（http://ebay.to/2aN2oXi）、5 美元的 5V 2.5A 的电源（https://amzn.to/2UafanD）、一个 USB 网络摄像头（比如只需 5 美元且非常快的 PS3 Eye）(http://ebay.to/2aVWCUS)，15 ～ 30 美元的树莓派相机模块 v1 或 v2(http://bit.ly/2aF9PxD)，2 美元的以太网线（http://ebay.to/2aznnjd），将树莓派连接到与开发 PC 或笔记本电脑相同的局域网。注意此 HDMI 屏幕是专门为树莓派设计的，因为树莓派直接插入屏幕的下面，并且有一个 HDMI 公对公适配器（右图所示），因此你不再需要 HDMI 电缆，而其他屏幕则可能需要 HDMI 电缆（https://amzn.to/2Rvet6H），或者 MIPI DSI 或 SPI 电缆。

还需注意，某些屏幕和触摸面板要配置后才能工作，而大多数 HDMI 屏幕则不需要任何配置：

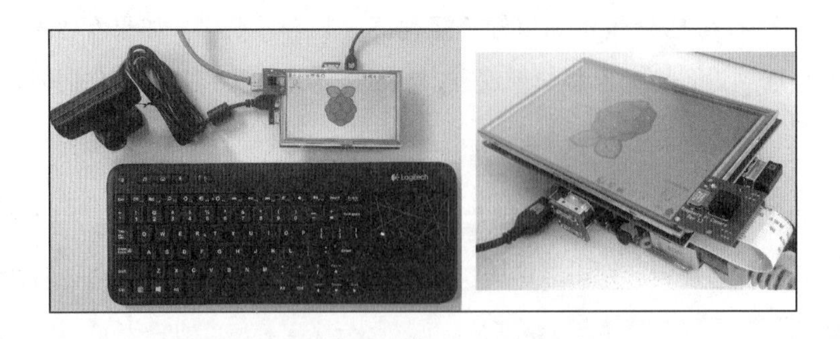

注意黑色 USB 摄像头（在 LCD 的最左侧）、树莓派相机模块（位于 LCD 左上角的绿

色和黑色板）、树莓派板（LCD 下方）、HDMI 适配器（将 LCD 连接到下方的树莓派）、蓝色以太网电缆（插入路由器）、一个小型 USB 无线键盘和鼠标适配器和一根 micro-USB 电源线（插入 5V 2.5A 电源）。

配置新的树莓派

以下步骤是专门针对树莓派的，若你使用了不同的嵌入式设备或你需要不同类型的设置，请在网上搜索有关如何设置的信息。要设置树莓派 1、2、3（包括它们的变种，如树莓派 Zero，树莓派 2B、3B 等，如果你使用树莓派 1A ++，则需插入 USB 以太网转换器），请按照下列步骤操作：

1. 使用比较新的、质量好且至少 8GB 的 mirco-SD 卡。如果使用廉价的 mirco-SD 卡或已用过多次的质量下降的旧 mirco-SD，它可能不够可靠，无法启动树莓派，所以如果你在启动树莓派时遇到问题，尝试使用质量良好的 Class 10 micro-SD 卡（比如 SanDisk Ultra 或其他更好的），它可以处理至少 45 Mbps 或者 4K 视频。

2. 下载并将最新的 Raspbian IMG（不是 NOOBS）烧录到 micro-SD 卡中。请注意，烧录 IMG 不等于将文件复制到 SD。访问 https://www.raspberrypi.org/documentation/installation/installing-images/ 并按照桌面操作系统的说明将 Raspbian 烧录到 micro-SD 卡。 请注意，此操作将丢失之前在卡上的所有文件。

3. 将 USB 键盘、鼠标和 HDMI 显示器插入树莓派，这样你就可以轻松运行某些命令并查看输出。

4. 给树莓派接上至少 1.5A 的，理想情况下为 2.5A 或更高的 5V USB 电源。电脑 USB 端口功率不够，不能使用它。

5. 你应该在启动 Raspbian Linux 时看到滚动文本的许多页面，然后它应该在 1 或 2 分钟后准备就绪。

6. 如果在启动后，它只显示一个带文本的黑色控制台屏幕（如同下载 Raspbian Lite 时的屏幕），则表示处于纯文本登录提示符下。输入 `pi` 作为用户名登录，按 <Enter> 键。然后输入 `raspberry` 作为密码，再按 <Enter> 键。

7. 或者如果它启动到图形显示，单击顶部的黑色 Terminal 图标打开 shell（命令提示符）

8. 初始化树莓派的一些设置：

- 输入 `sudo raspi-config`，按 <Enter> 键（参见下面的屏幕截图）。
- 运行 Expand Filesystem（扩展文件系统），完成后重启设备，这样树莓派即可使用整张 mirco-SD 卡。
- 如果你使用的是普通（美式）键盘，而不是英式键盘，在 Internationalisation Options（国际化选项，可更改默认语言）中，选择 Generic 104-key keyboard，Other，English（US），然后对于 AltGr 按键和类似的问题，除非你使用特殊键盘，否则只需按 <Enter> 键即可。
- 在 Enable Camera（启用摄像头）中，启用树莓派相机模块。
- 在 Overlock Options（超频设置）中，设置为树莓派 2 或类似的设备，使得运行速度更快（但是更发热）。
- 在 Advanced Options（高级设置）中，启动 SSH 服务。
- 在 Advanced Options（高级设置）中，若使用树莓派 2 或 3，选择 Memory Split（内存分配）给 GPU 256MB 的内存，以便 GPU 有足够的 RAM 用于视频处理。若使用树莓派 1 或 zero，请使用 64MB 或默认值。
- 完成后重启设备。

9. （可选）：删除 Wolfram[⊖]以节省 SD 卡的 600MB 空间：

```
sudo apt-get purge -y wolfram-engine
```

可以使用 `sudo apt-get install wolfram-engine` 重新安装。

查看 SD 卡的剩余空间，请运行 `df -h | head -2`：

⊖ Wolfram 语言是一种由沃尔夫勒姆研究公司开发的多模态编程语言，捆绑在树莓派的系统中。——译者注

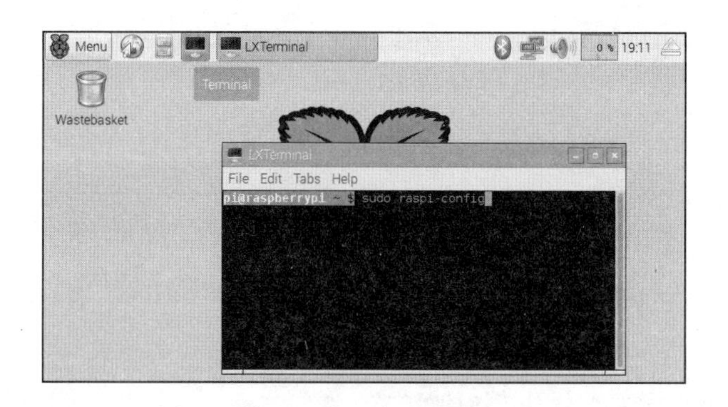

10. 假设你把树莓派连到路由器上，它应该已经接入互联网。因此，可将树莓派更新到最新的树莓派固件、软件位置、操作系统以及软件。**警告**：很多树莓派教程说应该运行 `sudo rpi-update`；然而，近年来，运行 `rpi-update` 不再是一个好主意，它会带来不稳定的系统或固件。以下指令更新树莓派可得到稳定的软件和固件（注意这些命令可能需要长达一个小时）：

```
sudo apt-get -y update
sudo apt-get -y upgrade
sudo apt-get -y dist-upgrade
sudo reboot
```

11. 查找设备的 IP 地址：

```
hostname -I
```

12. 尝试从桌面访问该设备。例如，假设设备的 IP 地址为 192.168.2.101。在 Linux 桌面上输入以下：

```
ssh-X pi@192.168.2.101
```

或者，在 Windows 桌面上执行此操作：

1）下载、安装、运行 PuTTY

2）然后在 PuTTY 中，连接到 IP 地址（192.168.2.101），作为用户 `pi`，密码为 `raspberry`

13. 如果想要命令提示符的颜色与命令不同，并在每个命令后显示错误值，请使用以下命令：

```
nano ~/.bashrc
```

14. 将以下行加在其底部：

```
PS1="[e[0;44m]u@h: w ($?) $[e[0m] "
```

15. 保存文件（按 <Ctrl+X>，然后按 <Y>，最后按 <Enter>）

16. 开始使用新的设置：

```
source ~/.bashrc
```

17. 要防止 Raspbian 中的屏幕保护程序 / 白屏省电功能在空闲时关闭屏幕，请使用以下命令：

```
sudo nano /etc/lightdm/lightdm.conf
```

18. 并遵循以下步骤：

1）查找某一行：`#xserver-command=X`（按 <Alt+G> 然后输入 `87` 并按 <Enter> 键跳转到第 `87` 行）

2）将其更改为 `xserver-command=X -s 0 dpms`

3）保存文件（按 <Ctrl+X>，然后按 <Y>，最后按 <Enter> 键）

19. 最后，重启树莓派：

```
sudo reboot
```

现在就可以在设备上开发了！

1.4.2　在嵌入式设备上安装 OpenCV

有一种非常简单的方法可以在基于 Debian 的嵌入式设备（如树莓派）上安装 OpenCV 及其所有依赖项：

```
sudo apt-get install libopencv-dev
```

不过，这可能会安装来自一两年前的老版本。

要在树莓派等嵌入式设备上安装最新版的 OpenCV，需要从源代码上构建 OpenCV。首先，安装编译器并构建系统，然后是 OpenCV 的依赖库，最后安装 OpenCV 本身。请注意，无论是为桌面系统还是针对嵌入式系统进行编译，在 Linux 上从源代码编译 OpenCV 的步骤都是相同的。本书提供 Linux 脚本：`install_opencv_from_source.sh`。建议你将该文件复制到树莓派上（例如，使用 USB 闪存）并运行脚本来下载、构建和安装 OpenCV，包括可能的多核 CPU 和 ARM NEON SIMD 优化（取决于硬件支持）：

```
chmod +x install_opencv_from_source.sh
 ./install_opencv_from_source.sh
```

注意： 如果出现错误，例如，没有接入互联网或依赖包与已经安装的其他东西发生冲突时，脚本将停止。如果脚本因错误而停止，请尝试使用 WEB 上的信息来解决错误，然后再次运行脚本。脚本将快速检查前面的所有步骤，然后从上次完成的地方继续。注意，根据你的硬件和软件，它可能花费 20 分钟乃至 12 小时！

强烈建议在每次安装 OpenCV 时构建和运行一些 OpenCV 示例，这样当在构建自己的代码出现问题时，至少会知道是 OpenCV 的安装问题还是自己的代码问题。

让我们来试着构建简单的 `edge` 示例程序。若尝试用以下的 Linux 命令从 OpenCV 2 构建它，将会得到以下错误提示：

```
cd ~/opencv-4.*/samples/cpp
 g++ edge.cpp -lopencv_core -lopencv_imgproc -lopencv_highgui
 -o edge
 /usr/bin/ld: /tmp/ccDqLWSz.o: undefined reference to symbol
'_ZN2cv6imreadERKNS_6StringEi'
 /usr/local/lib/libopencv_imgcodecs.so.4..: error adding symbols: DSO
missing from command line
 collect2: error: ld returned 1 exit status
```

该错误消息的倒数第二行告诉我们命令行中缺少一个库，因此只需要在链接到的其他 OpenCV 库旁边的命令中添加 -lopencv_imgcodecs。现在，你知道如何在编译 OpenCV 3 程序时解决问题，并且去查看该错误消息了！正确做法如下：

```
cd ~/opencv-4.*/samples/cpp
 g++ edge.cpp -lopencv_core -lopencv_imgproc -lopencv_highgui
 -lopencv_imgcodecs -o edge
```

成功啦！那么，现在你可以运行该程序：

```
./edge
```

按 <Ctrl+C> 退出程序。注意，如果是在 SSH 终端运行该命令，且没有将窗口重定向到设备的 LCD 屏幕上显示，则 edge 程序可能会崩溃。因此，若你使用 SSH 远程运行程序，请在命令前添加 DISPLAY=:0：

```
DISPLAY=:0 ./edge
```

把 USB 网络摄像头插入设备，并测试它是否工作：

```
g++ starter_video.cpp -lopencv_core -lopencv_imgproc
 -lopencv_highgui -lopencv_imgcodecs -lopencv_videoio \


 -o starter_video
 DISPLAY=:0 ./starter_video 0
```

注意：如果你没有 USB 摄像头，可用视频文件测试：

```
DISPLAY=:0 ./starter_video ../data/768x576.avi
```

现在 OpenCV 已成功安装在设备上，你可以运行之前开发的 `Cartoonifier` 应用程序。将 `Cartoonifier` 文件夹复制到设备上（例如，使用 USB 闪存或使用 `scp` 通过网络复制文件夹）。然后，就像在桌面那样构建代码：

```
cd ~/Cartoonifier
 export OpenCV_DIR="~/opencv-3.1.0/build"
 mkdir build
 cd build
 cmake -D OpenCV_DIR=$OpenCV_DIR ..
 make
```

运行：

```
DISPLAY=:0 ./Cartoonifier
```

如果一切正常，我们将看到一个运行应用程序的窗口，如下所示：

1.4.2.1　使用树莓派相机模块

虽然在树莓派这样的嵌入式设备上使用 USB 摄像头，可以方便得如同在桌面上一样，支持相同的行为和代码，但你仍可以考虑使用一个官方的树莓派相机模块（称为 Raspberry Pi Cam）。与网络摄像头相比，这个相机模块有一些优缺点。

Raspberry Pi Cam 采用特殊的 MIPI CSI 相机格式，专为智能手机相机设计，能耗更低。与 USB 摄像头相比，它具有更小的物理尺寸，更快的带宽，更高的分辨率，更高的帧速率和更低的延迟。大多数 USB 2.0 摄像头只能提供 640×480 或 1280×720 每秒 30 帧的视频，因为 USB 2.0 对于要求更高速度的摄像头来说太慢了（除了执行板载视频压缩的一些昂贵的 USB 摄像头），而 USB 3.0 价格仍然昂贵。然而，智能手机相机（包括 Raspberry Pi Cam）可提供 1920×1080 每秒 30 帧，甚至 Ultra HD（超高清）/4K 分辨率。事实上，由于使用了 MIPI CSI[⊖]、兼容 ISP 的视频处理和 GPU 硬件，Raspberry Pi Cam v1 甚至可以在一个 5 美元的树莓派 Zero 上支持高达 2592×1944 每秒 15 帧或 1920×1080 每秒 30 帧。Raspberry Pi Cam 在每秒 90 帧模式下也支持 640×480（例如慢动作）捕获，这对于实时计算机视觉非常有用，因此你可以在每一帧看到非常细微的运动，而不是难以分析的大运动。

但是，Raspberry Pi Cam 的电路板很普通，对电子干扰、静电或物理损坏**非常敏感**（只需用手指触摸小而扁平的橙色电缆就会造成视频干扰甚至永久性损坏相机！）。大扁平白色电缆的灵敏度要低得多，但它仍然对电噪声或物理损坏非常敏感。Raspberry Pi Cam 配有一根 15cm 的非常短的电缆。可以在 eBay 网站上购买长度在 5cm 到 1m 之间的第三方电缆，但 50cm 或更长的电缆不太可靠，而 USB 摄像头可以使用 2m 到 5m 长的电缆，可插入 USB 集线器或有源延长电缆，以获得更长的距离。

目前有几种不同的 Raspberry Pi Cam 型号，特别是没有内部红外滤光片的 NoIR 版本，因此，NoIR 相机可以在黑暗中轻松夜视（如果有一个看不见的红外光源），或者看红外激光或信号的时候也远比内部包含红外滤光片的普通相机更清晰。还有两个不同版本的 Raspberry Pi Cam：Raspberry Pi Cam v1.3 和 Raspberry Pi Cam v2.1，其中 v2.1 使用更大的广角镜头和索尼 800 万像素传感器，而非 500 万像素的 OmniVision 传感器，它可在低照明条件下更好地支持运动，并且增加了对 15 FPS 的 3240×2464 视频的支持，在 720p 时可能支持高达 120 FPS 的视频。不过，USB 摄像头有数千种不同的形状和版本，可以很容易地找到专门的摄像头，如防水或工业级摄像头，而你也无须为 Raspberry Pi Cam 创建自己的定制外壳而发愁。

⊖ MIPI CSI：即 MIPI Camera Serial Interface（MIPI 相机串行接口），是由 MIPI 联盟下的 Camera 工作组指定的接口标准。——译者注

IP 相机也是相机接口的另一种选择，可以向树莓派提供 1080p 或更高分辨率的视频。而且，IP 相机不仅支持非常长的电缆，甚至可以在有互联网的世界任何地方工作。但与调用 USB 摄像头或 Raspberry Pi Cam 不同，调用 IP 相机的 OpenCV 接口要困难一些。

以前，Raspberry Pi Cam 和官方驱动程序与 OpenCV 不直接兼容。经常需要使用自定义驱动程序并修改代码，以便从 Raspberry Pi Cam 中抓取帧，但现在可以用以同 USB 摄像头完全相同的方式访问 OpenCV 中的 Raspberry Pi Cam！由于 v412 驱动程序的最新改进，一旦加载 v412 驱动程序，Raspberry Pi Cam 就会像普通的 USB 摄像头一样以 /dev/video0 或 /dev/video1 文件的形式出现。因此，传统的 OpenCV 摄像头代码，如 cv::VideoCapture(0) 将能够像摄像头一样使用它。

安装树莓派相机模块驱动程序

首先，让我们临时加载 Raspberry Pi Cam 的 v412 驱动程序，以确保相机插入正确：

```
sudo modprobe bcm2835-v412
```

如果命令报错（控制台打印了一条错误信息，它将被冻结或返回除 0 之外的数字），那么可能是你的相机没有正确插入。关掉再拔掉树莓派电源，再试着接上白色的扁平电缆，对照网上的图片确保插入方式正确。如果方法正确，那么有可能是没有完全插入电缆就关闭树莓派上的锁定卡舌。另外，使用 sudoraspi-config 配置命令检查之前配置树莓派时是否忘记单击 Enable Camera（启用摄像头）。

如果命令成功（命令返回 0 且控制台无错误打印信息），那就可以将 Raspberry Pi Cam 的 v412 驱动程序添加到 /etc/modules 文件底部，确保启动时始终加载该驱动程序：

```
sudo nano /etc/modules
 # Load the Raspberry Pi Camera Module v412 driver on bootup:
 bcm2835-v412
```

保存文件，重新启动树莓派，运行 ls　/dev/video* 查看可用的相机列表。如果

Raspberry Pi Cam 是唯一插入主板的摄像头，则把它当作默认摄像头（/dev/video0），如果还插入了另一个 USB 摄像头，那么它要么是 /dev/video0，要么是 /dev/video1。

使用之前编译的 starter_video 示例程序来测试 Raspberry Pi Cam

```
cd ~/opencv-4.*/samples/cpp
 DISPLAY=:0 ./starter_video 0
```

若显示相机错误，尝试 DISPLAY=:0 ./starter_video 1。

现在了解了 OpenCV 中 Raspberry Pi Cam 的工作，让我们尝试 Cartoonifier：

```
cd ~/Cartoonifier
 DISPLAY=:0 ./Cartoonifier 0
```

或者另一个相机使用 DISPLAY=:0 ./Cartoonifier 1。

1.4.2.2　全屏运行 Cartoonifier

在嵌入式系统中，总是希望应用程序是全屏且隐藏 Linux GUI 和菜单。OpenCV 提供了一个简单的方法来设置全屏窗口属性，但是要确保创建窗口时使用了 NORMAL 标志：

```
// Create a fullscreen GUI window for display on the screen.
 namedWindow(windowName, WINDOW_NORMAL);
 setWindowProperty(windowName, PROP_FULLSCREEN, CV_WINDOW_FULLSCREEN);
```

1.4.2.3　隐藏鼠标光标

即使你不想在嵌入式系统中使用鼠标，鼠标光标也会显示在窗口顶部。要隐藏鼠标光标，可使用 xdotool 命令将其移动到屏幕最右下角，这样它就不会被注意到，但是若想偶尔插入鼠标来调试设备，它仍然可用。安装 xdotool 并创建一个简短的 Linux 脚本在 Cartoonifier 之前运行它：

```
sudo apt-get install -y xdotool
 cd ~/Cartoonifier/build
```

在安装 xdotool 后，创建脚本，用你喜欢的编辑器创建一个名为 runCartoonifier.sh 的新文件，其内容如下：

```
#!/bin/sh
# Move the mouse cursor to the screen's bottom-right pixel.
xdotoolmousemove 3000 3000
# Run Cartoonifier with any arguments given.
/home/pi/Cartoonifier/build/Cartoonifier "$@"
```

最后使脚本可执行：

```
chmod +x runCartoonifier.sh
```

尝试运行你的脚本，确保其能工作：

```
DISPLAY=:0 ./runCartoonifier.sh
```

1.4.2.4　在启动后自动运行 Cartoonifier

通常，在构建嵌入式设备时，你会希望在设备启动后自动执行应用程序，而不是要求用户手动运行应用程序。要在设备完全启动并登录到图形界面后自动运行应用程序，需创建一个 autostart 文件夹，其中包含以下内容，包括脚本或应用程序的完整路径：

```
mkdir ~/.config/autostart
 nano ~/.config/autostart/Cartoonifier.desktop
 [Desktop Entry]
 Type=Application
 Exec=/home/pi/Cartoonifier/build/runCartoonifier.sh
 X-GNOME-Autostart-enabled=true
```

现在，无论何时打开设备或重启设备，Cartoonifier 都会开始运行！

1.4.2.5　在桌面与嵌入式系统上运行 Cartoonifier 的速度比较

代码在树莓派上运行的速度要比在桌面上慢得多！到目前为止，使运行速度更快的两种最简单的方法是使用速度更快的设备或使用较小的相机分辨率。下表展示了 Cartoonifier 在桌面、树莓派 1、树莓派 2、树莓派 3 和 Jetson TK1 上，素描和绘画两种模式下的一些帧速率和**每秒帧数**（FPS）。注意速度没有任何额外优化，只在单个 CPU 内核上运行，时间包括将图像渲染到屏幕的时间。使用的 USB 摄像头是以 640×480 运行的快速 PS3 Eye 摄像头，因为它是市场上最快的低成本摄像头。

值得一提的是，虽然 Cartoonifier 只用了一个 CPU 内核，但所有列出设备都有四个 CPU 内核，但树莓派 1 例外，它只有一个内核。很多 x86 计算机都有超线程，可以提供大约 8 个 CPU 内核。因此，可编写代码来有效地利用多个 CPU 内核（或 GPU），速度可能比单线程图形显示的速度快 1.5 到 3 倍：

计算机	素描模式	绘画模式
Intel Core i7 PC	20 FPS	2.7 FPS
Jetson TK1ARM CPU	16 FPS	2.3 FPS
Raspberry Pi 3	4.3 FPS	0.32 FPS（3 s/ 帧）
Raspberry Pi 2	3.2 FPS	0.28 FPS（4 s/ 帧）
Raspberry Pi Zero	2.5 FPS	0.21 FPS（5 s/ 帧）
Raspberry Pi 1	1.9 FPS	0.12 FPS（8 s/ 帧）

注意在树莓派上运行代码非常慢，特别是在绘画模式下，因此，我们会简单地尝试改变相机和相机的分辨率。

改变相机和相机分辨率

下表显示了树莓派 2 在使用不同类型的相机和不同分辨率下素描模式的速度比较：

硬　件	640×480 分辨率	320×240 分辨率
Raspberry Pi 2，具有 Raspberry Pi Cam	3.8 FPS	12.9 FPS
Raspberry Pi 2，具有 PS3 Eye 摄像头	3.2 FPS	11.7 FPS
Raspberry Pi 2，具有 unbranded 摄像头	1.8 FPS	7.4 FPS

正如你所看到的，当使用 320×240 的 Raspberry Pi Cam 时，效果较好，即使它仍达不到理想的 20 ～ 30 FPS 范围内。

1.4.2.6　桌面与嵌入式系统上运行的 Cartoonifier 的功耗对比

我们已经看到各种嵌入式设备比台式机慢，树莓派 1 耗时大约比桌面多 20 倍，而 Jetson TK1 耗时比桌面多约 1.5 倍。但对于某些任务，低速是可以接受的，这意味着电池消耗也会大大降低，从而允许小型电池或服务器的全年低电费或低发热量。

即使对于相同的处理器，树莓派也有不同的型号，例如树莓派 1B、Zero 和 1A+，它们都以相似的速度运行，但具有明显不同的功耗。像 Raspberry Pi Cam 这样的 MIPI CSI 相机也比摄像头使用更少的电力。下表显示了运行相同 Cartoonifier 代码的不同硬件使用了多少电力。树莓派的功率测量如下图所示，使用简单的 USB 电流监视器（例如，售价 5 美元的 J7-T Safety Tester（http://bit.ly/2aSZa6H））和用于其他设备的 DMM 万用表：

空闲功率测量计算机运行但没有使用主要的应用程序时的功率，**Cartoonifier 功率**测量 Cartoonifier 程序正在运行时的功率。**效率**表示在 640×480 的素描模式下的 Cartoonifier 功率 / Cartoonifier 速度：

硬　件	空闲功率	Cartoonifier 功率	效　率
Raspberry Pi Zero，具有 PS3 Eye	1.2 Watts	1.8 Watts	1.4 Frames per Watt
Raspberry Pi 1A+，具有 PS3 Eye	1.1 Watts	1.5 Watts	1.1 Frames per Watt
Raspberry Pi 1B，具有 PS3 Eye	2.4 Watts	3.2 Watts	0.5 Frames per Watt
Raspberry Pi 2B，具有 PS3 Eye	1.8 Watts	2.2 Watts	1.4 Frames per Watt
Raspberry Pi 3B，具有 PS3 Eye	2.0 Watts	2.5 Watts	1.7 Frames per Watt
Jetson TK1，具有 PS3 Eye	2.8 Watts	4.3 Watts	3.7 Frames per Watt
Core i7 laptop，具有 PS3 Eye	14.0 Watts	39.0 W	0.5 帧 /W

从表可知，树莓派 1A+ 功率最小，但是最节能的选择是 Jetson TK1 和树莓派 3B。有趣的是，最初的树莓派（树莓派 1B）的效率和 x86 笔记本电脑差不多。所有后来的树莓派都比原来（树莓派 1B）更节能。

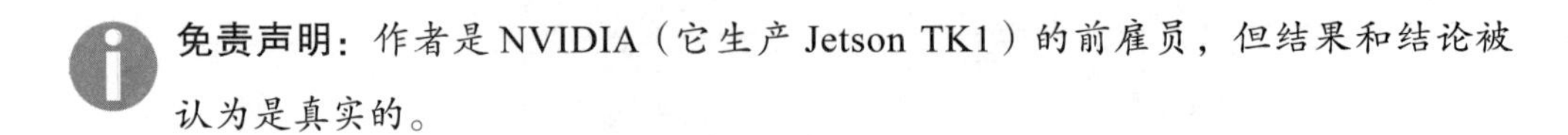

免责声明：作者是 NVIDIA（它生产 Jetson TK1）的前雇员，但结果和结论被认为是真实的。

让我们来看看与树莓派配合使用的不同相机的功耗：

硬　件	空闲功率	Cartoonifier 功率	效　率
Raspberry Pi Zero with PS3 Eye	1.2 Watts	1.8 Watts	1.4 Frames per Watt
Raspberry Pi Zero with Raspberry Pi Cam v1.3	0.6 Watts	1.5 Watts	2.1 Frames per Watt
Raspberry Pi Zero with Raspberry Pi Cam v2.1	0.55 Watts	1.3 Watts	2.4 Frames per Watt

从表中可看到 Raspberry Pi Cam v2.1 比 Raspberry Pi Cam v1.3 功效略高，且显著高于 USB 摄像头。

将视频从树莓派流式传输到功能强大的计算机

得益于所有现代 ARM 设备包括树莓派都采用了硬件加速视频编码器，因此，在嵌入式设备上执行计算机视觉的有效替代方案是，使用该设备捕获视频，并通过网络将其实时传输到 PC 或服务器机架上。所有树莓派型号都包含相同的视频编码器硬件，因此带有 Pi Cam 的树莓派 1A+ 或树莓派 Zero 对于低成本、低功耗的便携式视频流服务器来说是一个非常好的选择。 树莓派 3 添加了 Wi-Fi 以增加便携功能。

有很多方法可以从树莓派中流式传输实时摄像视频，例如使用官方的树莓派 V4L2 相机驱动程序，让 Raspberry Pi Cam 看起来像摄像头，然后使用 GStreamer、liveMedia、netcat 或 VLC 通过网络流式传输视频。但是，这些方法通常会有一到两秒的延迟，并且通常需要自定义 OpenCV 客户端代码或者学习如何有效地使用 GStreamer。因此，以下部分将展示如何使用一个名为 UV4L 的替代相机驱动程序来执行相机捕获和网络流传输：

1. 根据 http://www.linux-projects.org/uv4l/installation/ 的介绍，在树莓派上安装 UV4L：

```
curl http://www.linux-projects.org/listing/uv4l_repo/lrkey.asc
 sudo apt-key add -
 sudo su
 echo "# UV4L camera streaming repo:">> /etc/apt/sources.list
 echo "deb http://www.linux-
```

```
  projects.org/listing/uv4l_repo/raspbian/jessie main">>
  /etc/apt/sources.list
  exit
sudo apt-get update
sudo apt-get install uv4l uv4l-raspicam uv4l-server
```

2. 手动运行 UV4L 流媒体服务器（在树莓派上），检查是否工作：

```
sudo killall uv4l
 sudo LD_PRELOAD=/usr/lib/uv4l/uv4lext/armv6l/libuv4lext.so
 uv4l -v7 -f --sched-rr --mem-lock --auto-video_nr
 --driverraspicam --encoding mjpeg
 --width 640 --height 480 --framerate15
```

3. 从桌面测试相机的网络流，按照以下步骤检查是否所有工作正常：

- 安装 VLC 媒体播放器
- 导航到 Media|Open Network Stream，进入 http://192.168.2.111:8080/stream/video.mjpeg
- 将 URL 调整为树莓派的 IP 地址。在树莓派上运行 hostname -I，找到 IP 地址

4. 启动时自动运行 UV4L 服务器：

```
sudo apt-get install uv4l-raspicam-extras
```

5. 编辑 uv4l-raspicam.conf 中所需的 UV4L 服务器设置（例如分辨率和帧速率）以自定义流：

```
sudo nano /etc/uv4l/uv4l-raspicam.conf
 drop-bad-frames = yes
 nopreview = yes
 width = 640
 height = 480
 framerate = 24
```

需要重启才能使所有更改生效。

6. 告诉 OpenCV 使用网络流，就好像它是一个摄像头一样。只要你安装的 OpenCV 可以在内部使用 FFMPEG 模块，OpenCV 就能像摄像头一样从 MJPEG 网络流中获取帧：

```
./Cartoonifier http://192.168.2.101:8080/stream/video.mjpeg
```

现在你的树莓派使用 UV4L 将 640×480 24 FPS 的实时视频传输到一台 PC 上，PC 在素描模式下运行 Cartoonifier，大约可以达到 19 FPS（延迟为 0.4s）。注意，这与直接使用 PS3 Eye 摄像头（20 FPS）的速度几乎相同！

请注意，当你将视频流式传输到 OpenCV 时，它将无法设置相机分辨率，你需要调整 UV4L 服务器设置来更改相机分辨率。还要注意，我们可以使用较低带宽的 H.264 视频流而不是流式传输 MJPEG 格式的视频，但某些计算机视觉算法不能很好地处理 H.264 等视频压缩问题，所以 MJPEG 会比 H.264 引起更少的算法问题。

注意：如果你同时安装了官方的树莓派 V4L2 驱动程序和 UV4L 驱动程序，那么两者都可以作为 `0` 和 `1` 号相机（`devices /dev/video0` 和 `/dev/video1`）使用，但是一次只能使用一个相机驱动程序。

1.4.2.7 定制你的嵌入式系统

现在你已经创建了一个完整的嵌入式 Cartoonifier 系统，并且了解了它的工作原理以及哪些部分可以做什么，你应该尝试定制它！使视频全屏，更改 GUI，更改应用程序行为和工作流程，更改 Cartoonifier 滤波器的参数或皮肤检测算法，使用自己的项目创意替换 Cartoonifier 代码，或者将视频流传输到云端处理！

你可以通过多种方式改进皮肤检测算法，例如使用更复杂的皮肤检测算法（例如，使用最近在 http://www.cvpapers.com 网站上的许多 CVPR 或 ICCV 会议论文中训练过的高斯模型），或者添加人脸检测（见第 5 章的人脸检测章节）到皮肤检测器中，因此它可以检测用户脸部的位置，而不是要求用户将他们的脸部放在屏幕的中央。注意，在某些设备或高分辨率相机上，人脸检测可能要花费许多秒，因此它们可能会受限于当前的实际使用情况。但是嵌入式系统平台每年都在发展，随着时间的推移，这可能不再是一个问题。

加速嵌入式计算机视觉应用程序的最有效的方法是尽可能地降低相机分辨率（例如，

采用 50 万像素而不是 500 万像素），尽可能少地分配和释放图像，尽可能少地执行图像格式转换。在某些情况下，可能会有某些优化的图像处理或数学库，或者来自 CPU 设备供应商的 OpenCV 的优化版本（例如 Broadcom、NVIDIA Tegra、Texas Instruments OMAP 或 Samsung Exynos），或者针对你的 CPU 系列的专门优化（例如，ARM Cortex-A9）。

1.5 小结

本章展示了几种不同类型的图像处理滤波器，可用于生成各种卡通效果，从简单的看起来像铅笔画的素描模式，到看起来像彩色绘画的绘画模式，再到卡通模式，即将素描模式覆盖在绘画模式上使得看起来像卡通画。还可以获得更多更有趣的效果：例如大大增强了噪声边缘的邪恶模式，以及通过改变脸部的皮肤使其呈现亮绿色的外星人模式。

有许多商业智能手机应用程序可以在用户的脸上添加类似的有趣效果，如卡通滤镜和肤色变化。还有使用类似概念的专业工具，例如使皮肤平滑的视频后期处理工具，它们试图通过平滑皮肤来美化女性的脸部，同时保持边缘和非皮肤区域清晰，使她们的脸看起来更年轻。

本章介绍如何将应用程序从桌面移植到嵌入式系统，方法是首先遵循开发工作桌面版本的建议指南，然后将其移植到嵌入式系统并创建适合嵌入式应用程序的用户界面。图像处理代码在两个项目之间共享，以便读者可以修改桌面应用程序的卡通滤波器，并轻松地在嵌入式系统中应用这些修改。

请记住，本书包含了适用于 Linux 的 OpenCV 安装脚本以及所讨论的所有项目的完整源代码。

在下一章中，我们将学习如何使用**多视图立体视觉**（MVS）和**运动恢复结构**（SfM）进行 3D 重建，以及如何以 OpenMVG 格式导出最终结果。

CHAPTER 2

第 2 章

使用 SfM 模块从运动中恢复结构

运动恢复结构（SfM）是恢复场景中相机的位置和稀疏几何的过程。相机之间的运动有着强制几何约束，可以帮助我们恢复对象的结构（stucture），因此该过程被称为 SfM。自 OpenCV v3.0+ 以来，增加了一个名为 `sfm` 的贡献（“`contrib`”）模块，它有助于利用多张图像来执行端到端的 SfM 处理。在本章中，我们将学习如何使用 SfM 模块将场景重建为稀疏点云，并生成相机姿态。之后，我们还将通过使用名为 OpenMVS 的开源**多视图立体视觉**（MVS）库来增加点云的密度，使点云变得更加稠密。SfM 可用于高质量的三维扫描、自主导航中的视觉测距、航空照片测绘以及其他很多应用，成为计算机视觉中最基本的需求之一。计算机视觉工程师常常需要熟悉 SfM 的核心概念，计算机视觉课程也将它当作了必讲的主题。

本章将介绍以下主题：

- SfM 的核心概念：**多视图几何**（MVG），三维重建，多视图**立体视觉**（MVS）
- 使用 OpenCV SfM 模块实施 SfM 管道
- 可视化重建结果
- 将重建导出到 OpenMVG 并将稀疏云密集化，并完成重建

2.1 技术要求

下列技术和软件是建立和运行本章代码所必需的：

- OpenCV 4（使用 `sfm contrib` 模块编译）
- Eigen v3.3+（`sfm` 模块需要）
- Ceres solver v2+（`sfm` 模块需要）
- CMake 3.12+
- Boost v1.66+
- OpenMVS
- CGAL v4.12+（OpenMVS 需要）

以上函数库的构建说明和实现本章概念的代码均在随附的代码库中提供。OpenMVS 的使用是可选的，我们可以在稀疏重建后不使用它。然而，完整的 MVS 重建更令人印象深刻，也更有用，例如，用于 3D 打印复制品。

任何一组具有足够多重叠部分的照片都能用来 3D 重建。例如，我们可以使用一组由我在南达科他州拍摄的疯马纪念雕像的头部照片，本章代码中已包含了这些照片。拍照的要求是：照片间既要有足够的移动，也要有明显的重叠，以允许进行明确的成对匹配。

从以下来自疯马纪念雕像的数据集示例可以看出：每幅图像之间的视角稍有变化，彼此间具有非常多的重叠。请注意，雕像下方人群走动引起的巨大变化不会干扰石脸的三维重建：

本书的代码文件可从 https://github.com/PacktPublishing/Mastering-OpenCV-4-Third-Edition 下载。

2.2　SfM 的核心概念

在深入研究 SfM 管道的实现之前，先重温一些关键概念，这些概念是该流程的重要组成部分。SfM 中最重要的理论基础是**对极几何**（EG）、多视图几何（MVG），两者都建立在**图像成像**（image formation）和**相机标定**（camera calibration）知识的基础之上。但是，我们不会过多强调这些基础理论。在介绍了 EG 的一些基础知识之后，紧接着，我们会讨论**立体重建**，以及**从视差中获取深度**和**三角测量**这样的主题。随着我们在程序编码的深入，SfM 中的其他关键主题，例如**鲁棒特征匹配**（Robust Feature Matching），理论性稍弱而技术性更强，也将逐步涉及。我们故意遗漏了一些非常有趣的主题，比如**相机切除**（camera resectioning）、**PnP 算法**和**分解重构**（reconstruction factorization），因为它们是由底层的 `sfm` 模块处理的，尽管 OpenCV 中存在执行它们的函数，但我们不需要直接调用它们。

所有这些主题都是过去四十年来大量研究和文献的来源，并成为数千篇学术论文、专利和其他出版物的主题。Hartley 和 Zisserman 的 *Multiple View Geometry* 是迄今为止 SfM 和 MVG 数学和算法最突出的文献，而 Szeliski 的《计算机视觉：算法与应用》是一个令人难以置信的排在第二位的文献，它非常详细地解释了 SfM，并着重展示了 Richard Szeliski 对该领域的开创性贡献。为了更深入地理解它们，我建议学习 Prince 所写的《计算机视觉：模型，学习和推理》(ISBN: 978-7-111-51682-8)，其中包含漂亮的图形、图表和细致的数学推导。

2.2.1 相机标定和对极几何

我们的图像来自物体的投影。3D 世界在相机内部的 2D 传感器上扁平化，丢失所有的深度信息。那么如何从 2D 图像重回 3D 结构呢？对普通相机而言，答案是 MVG。直觉上，如果我们能够（在 2D 中）看到来自同一对象的两个及以上的视图，我们就可以估计它与相机的距离。作为人类，我们用两只眼睛不断地观察。人类深度感知来自多个（两个）视图，但不完全。事实上，人类的视觉感知，既涉及非常复杂的感知深度和 3D 结构，又与眼睛的肌肉和传感器有关，而不仅仅是视网膜上的图像及其在大脑中的处理。人类的视觉感受及其神奇的特质远远超出了本章的范围；然而，事实上，SfM（以及所有计算机视觉！）的灵感来自于人类视觉。

回到我们的相机模型中。在标定的 SfM 中，利用了**针孔相机模型**，它是对真实相机中的整个光学、机械、电气和软件过程的简化。针孔模型描述了现实世界的物体如何变成像素并涉及一些称之为**内在参数**的参数，因为这些参数描述了相机的固有特征：

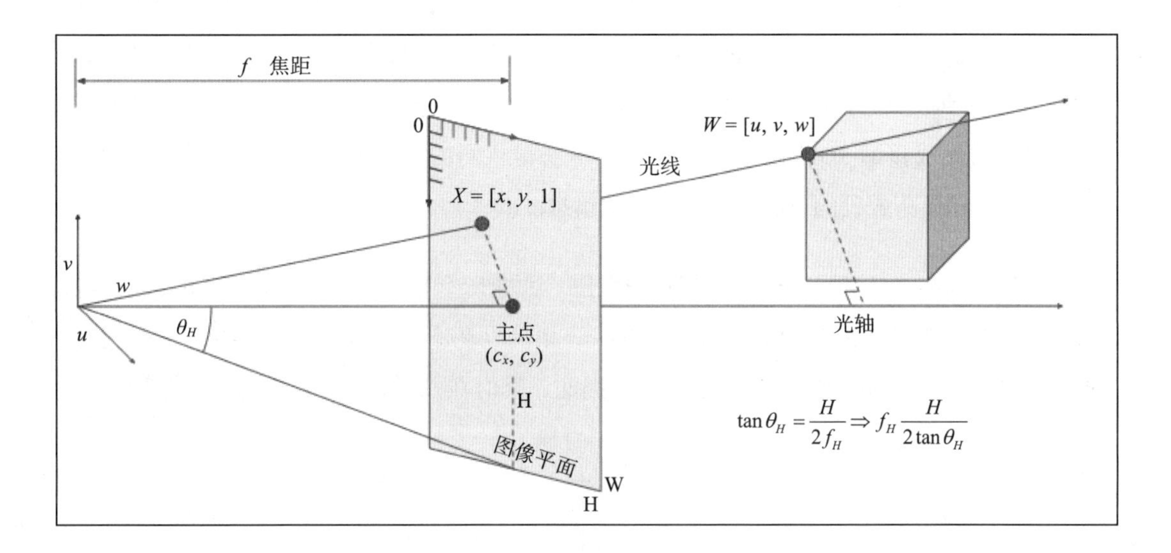

使用针孔模型，可利用在图像平面上的投影找到 3D 点的 2D 位置。注意 3D 点 W 和相机原点形成直角三角形，其中邻边为 w，其投影在图像上的点 x 与邻边 f 成相同的角度，即原点到图像平面的距离。该距离称为**焦距**（focal length），但该名称有误导性，因为实际上图像平面不是焦平面，为简单起见，我们对两者不加以区别。重叠的直角三角形的基本几何形状将告诉我们 $x = u \cdot f / w$；但是，由于处理图像时必须考虑**主点**（c_x, c_y），所以可得到 $x = u \cdot f / w + c_x$。对轴也做相同处理，结果如下：

$$S\begin{bmatrix} x \\ y \\ 1 \end{bmatrix} = \begin{bmatrix} f_W & 0 & c_x \\ 0 & f_H & c_y \\ 0 & 0 & 1 \end{bmatrix}\begin{bmatrix} u \\ v \\ w \end{bmatrix}$$

3×3 矩阵称为**内在参数矩阵**（intrinsic parameters matrix），通常表示为 K；然而，这个方程有很多地方似乎都遗漏了，需要解释。首先，忽略了除以 w，它去哪了？第二，在等式的 LHS[⊖] 中出现的神秘 s 是什么？答案是**齐次坐标**（homogeneous coordinates），

⊖ LHS，方程式左手方向的表达式或变量。——译者注

这意味着在向量的末尾加 1⊖。这个有用的符号允许我们线性化这些操作，并在这之后执行除法。在矩阵乘法的最后一步，可同时对数千个点进行，将结果除以向量的最后一项，这恰好就是我们要寻找的 w。至于 s，这是一个我们必须记住的未知的任意比例因子，它来自我们预测的视角。想象一下，我们有一辆非常靠近相机的玩具车，旁边是一辆距离相机 10m 的真正大小的车；在图像中，它们看起来大小相同。换言之，我们可以沿着从相机射出的光线移动 3D 点 W，仍然在图像中获得相同的 X 坐标。这就是透视投影的诅咒：正如本章开头提到的，我们失去了深度信息。

我们还需要考虑的另一件事是相机的姿态。并非所有相机都放置在原点（0,0,0），特别是如果有一个带有许多相机的系统。将一个相机放在原点，但其余相机将有一个相对于自身的旋转和平移（刚性变换）的分量。因此，我们在投影方程中添加另一个矩阵：

$$S\begin{bmatrix}x\\y\\1\end{bmatrix}=\begin{bmatrix}f_w & 0 & c_x\\0 & f_H & c_y\\0 & 0 & 1\end{bmatrix}\begin{bmatrix}r_1 & r_2 & r_3 & t_x\\r_4 & r_5 & r_6 & t_y\\r_7 & r_8 & r_9 & t_z\end{bmatrix}\begin{bmatrix}u\\v\\w\\1\end{bmatrix}$$

这个新的 3×4 矩阵通常被称为**外部参数矩阵**（extrinsic parameters matrix），带有 3×3 旋转和 3×1 平移分量。注意，使用同样的齐次坐标技巧，通过在向量 $\overrightarrow{W}$ 的末尾加 1，将转换纳入计算中。在文献中，常会看到方程被写成 $sX = K[R|t]W$：

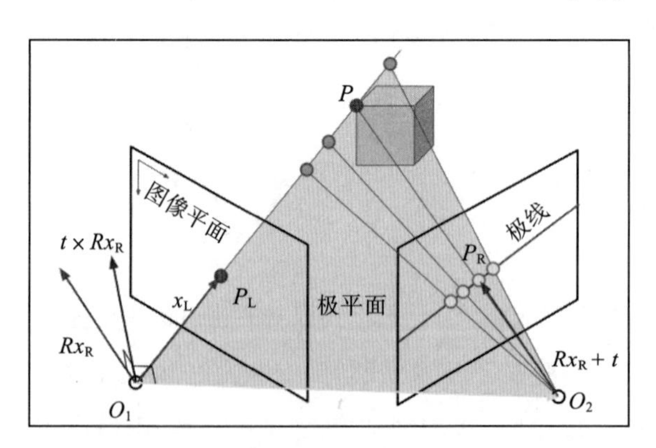

⊖ 即增加一维。由 [x,y] 变成 [x,y,1] 这样的齐次坐标。——译者注

考虑两个相机看向同一目标点的情况。正如刚刚讨论的那样，我们可以从沿着相机的轴滑动 3D 点的实际位置，仍然观察到同一 2D 点，这是因为丢失了深度信息。直观地说，两个视角应该足以找到真实的 3D 位置，因为来自两个视角的光线都会聚在其上。实际上，当我们在光线上滑动点时，从另一个角度的另一个相机上看来，该位置会改变。事实上，相机 L（左）中的任何一点都对应于相机 R（右）中的一条线，它被称为**极线**（epipolar line，有时称为 epiline），它位于由两个相机光学中心和 3D 点构成的**极线平面**上。这可以用作两个视图之间的几何约束，可以帮助我们找出相机间的关系。

我们已经知道，在两台相机之间，有一个严格的变换 $[R|t]$。如果想在相机 L 的坐标系中表示相机 R 中的点 x_R，可以表示为 $Rx_R + t$：。如果采用交叉乘积 $t \times Rx_R$，我们将得到一个垂直于极线平面的向量。因此，遵循 $x_L \cdot t \times Rx_R = 0$，因为 x_L 位于极线平面上，点积为 0。我们采用交叉乘积的偏斜对称形式，可以写出 $x^T{}_L\ [t] \times Rx_R =0$，然后将其组合成单个矩阵 $x^T{}_L\ Ex_R = 0$，我们称 E 为**本质矩阵**（essential matrix）。本质矩阵给出了相机 L 和相机 R 之间在真实 3D 点上会聚的所有点对的**极线约束**。如果一对点（来自 L 和 R）无法满足此约束，则很可能不是有效配对。我们还可以使用多个点对来估计本质矩阵，因为它们可以构造成一个齐次线性方程组。该解可以通过特征值或**奇异值分解**（SVD）轻松获得。

到目前为止，在我们的几何中，假设相机被归一化，本质上意味着 $K = I$，即单位矩阵。但是，在具有特定像素大小和焦距的真实图像中，必须考虑真实的内在因素。为此，可以在两侧应用 K 的逆矩阵：$(K^{-1}x_L)^T EK^{-1}x_R = x^T{}_L\ K^{-T}EK^{-1}x_R = x^T{}_L\ Fx_R = 0$。则最终得到的这个新矩阵称为**基本矩阵**（fundamental matrix），它可以从足够的像素坐标点配对中估计出来。如果我们知道 K，就可以得到本质矩阵；然而，基本矩阵本身可以用作良好的极线约束。

2.2.2　立体重建和 SfM

在 SfM 中，我们希望恢复相机的姿态和 3D 特征点的位置。我们刚刚看到简单的 2D 点对可估计本质矩阵，从而来编码视图之间的刚性几何关系：$[R|t]$。利用 SVD 方法

将本质矩阵分解为 R 和 t，在找到 R 和 t 之后，继续寻找 3D 点并完成两个图像的 SfM 任务。

我们已经看到了两个 2D 视图和 3D 世界之间的几何关系；但是，还不知道如何从 2D 视图中恢复 3D 形状。我们得到的方法一是，给定同一点的两个视图，从相机的光学中心和图像平面上的 2D 点穿过两条光线，它们将会聚在 3D 点上。这是**三角测量**（triangulation）基本思想。求解 3D 点的一种简单方法是写出投影方程，并使之相等，因为 3D 点（W）是共同的，$x_L = P_L W$，$x_R = P_R W$，其中 P 矩阵是 $K[R|t]$ 投影矩阵。这些方程可以转换为齐次线性方程组解决，例如，通过 SVD 求解。这被称为三角测量的**直接线性方法**；然而，由于它没有直接最小化有意义的误差函数，导致得不到最优解。除此之外，还提出了其他几种方法，包括观察光线之间的最近点，这些点通常不直接相交，称为**中点法**（mid-point method）。

在从两个视图获得基线 3D 重建后，我们可以继续添加更多视图。这通常以不同的方法完成，采用现有 3D 和传入 2D 点之间的匹配。这类算法被称为 Point-n-Perspective（PnP），我们在此不再讨论。另一种方法是执行成对三维重建，并计算缩放因子，因为，如前所述，重建的每个图像对可能导致不同的比例。

恢复深度信息的另一个有趣方法是进一步利用极线。我们知道图像 L 中的一个点将位于图像 R 中的一条线上，也可以使用 E 精确地计算这条线。因此，任务是找到图像 R 的极线上的且与图像 L 中的点最匹配的合适的点。这种线匹配方法可以称为**立体深度重建**（stereo depth reconstruction），因为可以恢复图像中几乎每个像素的深度信息，所以它大多数时候都是**稠密**（dense）重建。在实践中，首先将极线**修正**为完全水平，从而模仿图像之间的**纯水平变换**（pure horizontal translation）。这将减少仅在 x 轴上匹配的问题：

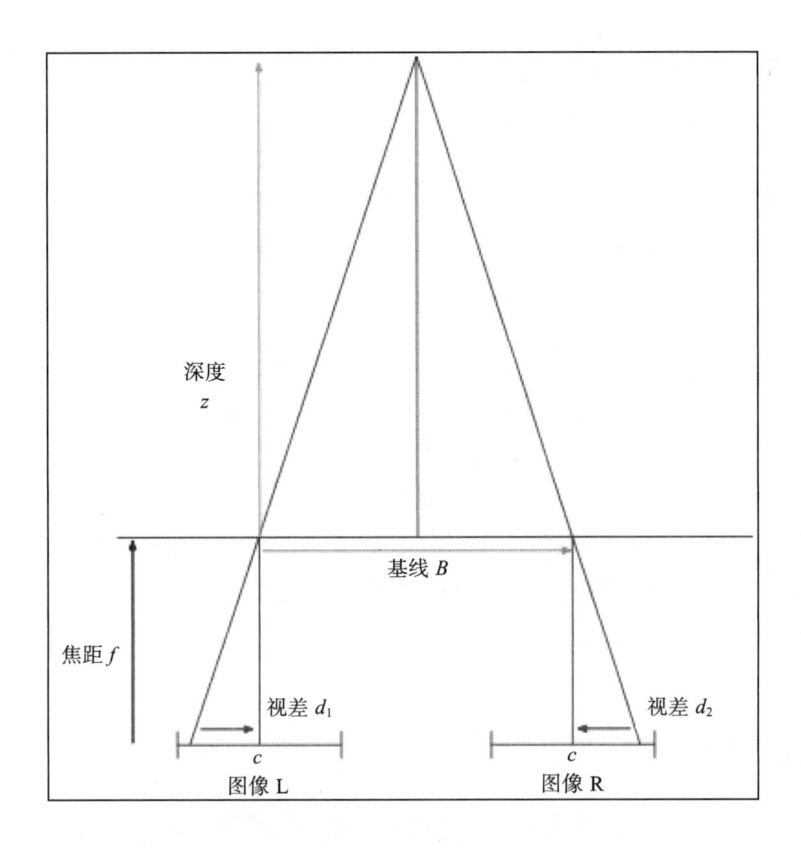

水平变换的主要参数来自于**视差**（disparity），它描述了兴趣点在两个图像之间水平移动的距离。在上图中，我们可以注意到由于右边重叠的三角形可推出：$\frac{B}{z}=\frac{d}{f}$，即 $d=\frac{B \cdot f}{z}$。基线 B（水平运动）和焦距 f 相对于特定 3D 点及其距相机的距离是恒定的。因此，可以看出**视差与深度成反比**。视差越小，距离相机越远。当我们从一个行驶的火车窗口看地平线时，遥远的山脉移动得非常缓慢，而附近的树木则移动得非常快。这种效应也称为**视差**（parallax）。使用视差进行 3D 重建是所有立体算法的基础。

另一个广泛研究的主题是 MVS，它利用极线约束一次从多个视图中寻找匹配点。一次性地扫描多张图像中的极线，这可以通过特征匹配进一步加强约束。只有在找到满足所有约束条件的匹配时才考虑使用它。当我们恢复多个相机位置时，可以使用 MVS 来进行稠密重建，这是在本章后面我们要做的事。

2.3 在 OpenCV 中实现 SfM

OpenCV 拥有大量工具，可以从头开始实现一个完整的 SfM 流水线。然而，这样的任务非常苛刻，超出了本章的范围。本书的前一版只是简单介绍了构建这样一个系统所需要的内容，但幸运的是，现在的 OpenCV 的 API 中已经集成了一个经过验证的技术模块。尽管通过简单地给一个无参函数并提供图像列表，`sfm` 模块就能运行，并生成一个稀疏点云和相机姿态的完全重建场景，但我们不会这么干。相反，我们将在本节中采用另外的更有用、更可控的方法来进行重建，此外，我们还将列举在上一节中讨论的一些话题，而且这些方法对噪声更具鲁棒性。

本节将从 SfM 的基础知识开始：使用关键点和特征描述符**匹配图像**。然后，利用匹配图像，在图像集中找出**轨迹**和具有相似特征的多个视图。我们使用 OpenMVS 实现 **3D 重建**、**3D 可视化**及最终的 MVS。

2.3.1 图像特征匹配

如上一节所述，SfM 依赖于对图像之间几何关系的理解，因为它与图像中的可见对象有关。我们可以计算出两幅图像之间的精确运动，并提供有关图像中物体如何移动的充分的变换信息。本质矩阵或者基本矩阵可由图像线性特征计量，可以被分解为定义 3D **刚性变换**的旋转和平移元素。此后，通过 3D-2D 投影方程或在修正的极线上的密集 3D 匹配，该变换可以帮助我们对物体的 3D 位置进行三角测量。这一切都始于图像特征匹配，因此我们将会看到：如何获得鲁棒且无噪音的匹配。

OpenCV 提供了广泛的 2D 特征**检测器**（也称为**提取器**）和**描述符**。特征被设计为不受图像变换的影响，因此它们可以通过平移、旋转、缩放以及对场景物体的其他更复杂的变换（仿射、投影）来匹配。OpenCV API 的最新成员之一是 `AKAZE` 特征提取器和检测器，它在计算速度和转换的鲁棒性之间提供了非常好的折中。`AKAZE` 的表现优于其他突出特征，例如 ORB（Oriented BRIEF）和 SURF（Speeded Up Robust Features）。

以下代码片段将提取一个 `AKAZE` 关键点，为 `imageFilenames` 中的每张图像计算

AKAZE 特征，并将它们分别保存在 keypoints 和 descriptors 数组中：

```
auto detector = AKAZE::create();
auto extractor = AKAZE::create();

for (const auto& i : imagesFilenames) {
    Mat grayscale;
    cvtColor(images[i], grayscale, COLOR_BGR2GRAY);
    detector->detect(grayscale, keypoints[i]);
    extractor->compute(grayscale, keypoints[i], descriptors[i]);

    CV_LOG_INFO(TAG, "Found " + to_string(keypoints[i].size()) + "
    keypoints in " + i);
}
```

注意，将图像转化为灰度图像这一步可以省略，结果不会受到影响。

下图可视化了两张相似图像中检测到的特征点。注意到有很多重复的部分，这就是所谓的特征**重复性**，这是作为一个好的特征提取器最需要的功能之一：

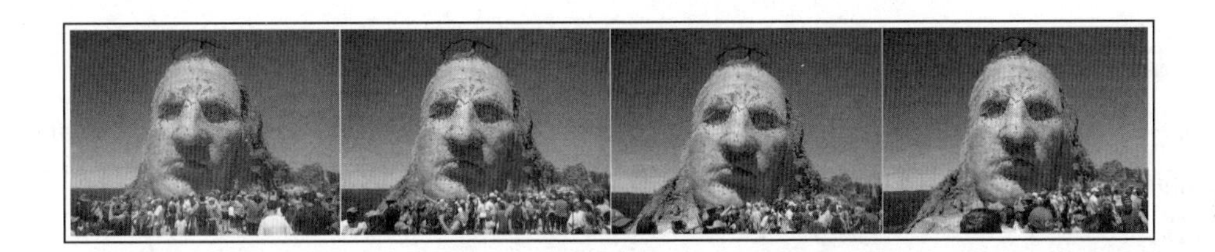

下一步是匹配每对图像之间的特征。OpenCV 提供了一个出色的特征匹配套件。AKAZE 特征描述符是二进制串，意味着在匹配时它们不能被视为二进制编码的数值，它们必须使用逐位运算符进行位与位之间的比较。OpenCV 为二进制特征匹配器提供了**海明距离**（Hamming distance）度量，其原理是计算两位序列之间不正确匹配的数量：

```
vector<DMatch> matchWithRatioTest(const DescriptorMatcher& matcher,
                                  const Mat& desc1,
                                  const Mat& desc2)
{
    // Raw match
    vector< vector<DMatch> > nnMatch;
    matcher.knnMatch(desc1, desc2, nnMatch, 2);

    // Ratio test filter
    vector<DMatch> ratioMatched;
```

```
    for (size_t i = 0; i < nnMatch.size(); i++) {
        const DMatch first = nnMatch[i][0];
        const float dist1 = nnMatch[i][0].distance;
        const float dist2 = nnMatch[i][1].distance;

        if (dist1 < MATCH_RATIO_THRESHOLD * dist2) {
            ratioMatched.push_back(first);
        }
    }

    return ratioMatched;
}
```

前面的函数不仅反复调用了匹配器（例如，BFMatcher(NORM_HAMMING)），还会执行**比值检验**（ratio test）。在许多依赖于特征匹配（如，SfM、全景拼接、稀疏跟踪等）的计算机视觉算法中，这是一个非常基本的概念。与从图像 *B* 中找出图像 *A* 中的某个特征的单个匹配项不同，我们在图像 *B* 中寻找两个匹配项，以确保没有混淆。如果两个潜在的特征匹配项太过相似（就它们的距离度量而言），无法判断哪个才是正确匹配，那么在匹配时可能会出现混淆。为了防止出现这种情况，我们选择把它们都丢弃。

接下来，实现**互惠滤波器**（reciprocity filter）。这个滤波器仅允许 *A* 到 *B* 以及 *B* 到 *A* 的特征匹配（通过比值检验）。本质上，这是为了确保图像 *A*、*B* 之间特征的一对一匹配：对称匹配。互惠滤波器消除了更多的歧义，有助于更干净，更具鲁棒性的匹配：

```
// Match with ratio test filter
vector<DMatch> match = matchWithRatioTest(matcher, descriptors[imgi],
descriptors[imgj]);

// Reciprocity test filter
vector<DMatch> matchRcp = matchWithRatioTest(matcher, descriptors[imgj],
descriptors[imgi]);
vector<DMatch> merged;
for (const DMatch& dmrecip : matchRcp) {
    bool found = false;
    for (const DMatch& dm : match) {
        // Only accept match if 1 matches 2 AND 2 matches 1.
        if (dmrecip.queryIdx == dm.trainIdx and dmrecip.trainIdx ==
        dm.queryIdx) {
            merged.push_back(dm);
            found = true;
            break;
        }
    }
    if (found) {
```

```
        continue;
    }
}
```

最后，我们应用**对极约束**（epipolar constraint）。如果每两幅图像之间有一个有效的刚性变换，它们就会遵守特征点上的对极约束，即：$x^T_\mathrm{L}\, Fx_\mathrm{R} = 0$，那些没有通过测试（足够成功）的图像很有可能不匹配，并且可能导致噪声。通过使用投票算法（RANSAC）计算基本矩阵并检查正确数据（inlier）[⊖]和异常数据（outlier）[⊜]的比值来实现这一点。我们使用一个阈值来丢弃达不到条件的匹配：

```
// Fundamental matrix filter
vector<uint8_t> inliersMask(merged.size());
vector<Point2f> imgiPoints, imgjPoints;
for (const DMatch& m : merged) {
    imgiPoints.push_back(keypoints[imgi][m.queryIdx].pt);
    imgjPoints.push_back(keypoints[imgj][m.trainIdx].pt);
}
findFundamentalMat(imgiPoints, imgjPoints, inliersMask);

vector<DMatch> final;
for (size_t m = 0; m < merged.size(); m++) {
    if (inliersMask[m]) {
        final.push_back(merged[m]);
    }
}

if ((float)final.size() / (float)match.size() < PAIR_MATCH_SURVIVAL_RATE) {
    CV_LOG_INFO(TAG, "Final match '" + imgi + "'->'" + imgj + "' has less
than "+to_string(PAIR_MATCH_SURVIVAL_RATE)+" inliers from orignal. Skip");
    continue;
}
```

我们可以在下图中看到每个过滤步骤——原始匹配、比率、互易性和极线的效果：

⊖ inlier 可以被模型描述的数据。——译者注

⊜ outlier 是偏离正常范围很远、无法适应数学模型的数据。——译者注

2.3.2　找到特征轨迹

早在 1992 年，在 Tomasi 和 Kanade 的 SfM 文献作品（Shape and Motion from Image Streams，1992）中就引入了**特征轨迹**的概念。从 2007 年开始，Snavely 和 Szeliski 利用旅游照片进行了大规模无约束重建的开创性工作。所谓轨迹是指：由单个场景中的特征点产生的 2D 位置，穿过多个视图后，就形成了轨迹。Snavely 认为，轨迹很重要，因为它们可以保持帧间的一致性，而非一个简单全局优化问题。轨迹重要之处在于 OpenCV 的 `sfm` 模块允许通过在所有视图中提供 2D 轨迹来重建场景：

现在已经找到所有视图之间的成对匹配，通过这些匹配特征，我们也就拥有查找轨迹所需的信息。如果通过第一个图像中的特征 i 匹配到第二个图像，然后从第二个图像匹配到第三个图像，依此类推，我们将在最终形成它的轨迹。这类数据难以用标定化的数据结构来简单实现。但是，如果我们在**匹配图**中表示出所有匹配数据，则易如反掌。图中的每个节点都是在单个图像中检测到的特征，边则是我们找到的匹配。从第一张图像的多个特征节点开始，通过边匹配到第二个图像的特征节点，然后是第三个图像、第四个图像，依此类推（只针对没有被过滤掉的匹配项）。由于我们的匹配是互惠的（对称的），因此图可以是无向的。此外，互惠性测试确保对于第一个图像中的特征 i，在第二个图像中**仅存在一个**匹配特征 j，反之亦然：特征 j 仅匹配特征 i。

下图为匹配图的可视示例。节点颜色表示特征点（节点）起源的图像。边表示图像特征的匹配。可以看出，从第一张图片到最后一张图片，特征匹配链的效果非常明显：

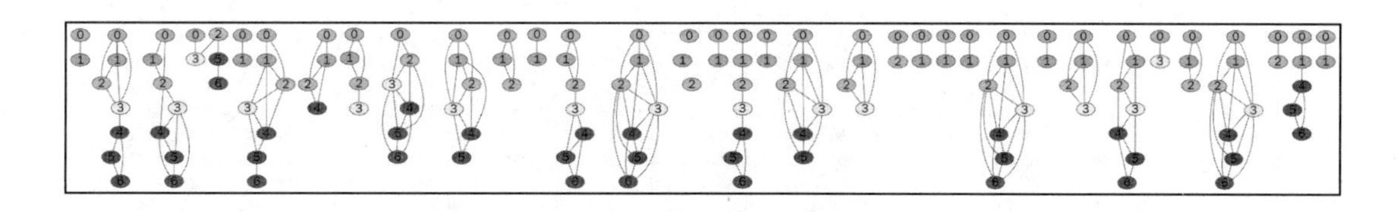

为了对匹配图进行编码，可使用 Boost 图库（BGL），它为图片处理和算法提供了丰富的 API。构造匹配图很简单，我们只需要不断扩充节点的图像 ID 和特征 ID，然后就可以反向追溯起源：

```
using namespace boost;

struct ImageFeature {
    string image;
    size_t featureID;
};
typedef adjacency_list < listS, vecS, undirectedS, ImageFeature > Graph;
typedef graph_traits < Graph >::vertex_descriptor Vertex;
map<pair<string, int>, Vertex> vertexByImageFeature;

Graph g;

// Add vertices - image features
for (const auto& imgi : keypoints) {
    for (size_t i = 0; i < imgi.second.size(); i++) {
        Vertex v = add_vertex(g);
        g[v].image = imgi.first;
        g[v].featureID = i;
        vertexByImageFeature[make_pair(imgi.first, i)] = v;
    }
}

// Add edges - feature matches
for (const auto& match : matches) {
    for (const DMatch& dm : match.second) {
        Vertex& vI = vertexByImageFeature[make_pair(match.first.first,
dm.queryIdx)];
        Vertex& vJ = vertexByImageFeature[make_pair(match.first.second,
dm.trainIdx)];
        add_edge(vI, vJ, g);
    }
}
```

查看结果的可视化图（使用 `boost::write_graphviz()`），我们可以发现有很多匹配错误的情况。一个错误的匹配链将包含来自同一图像的多个特征。下图中标记了几个这样的例子；注意有些链包含两个或多个相同颜色的节点：

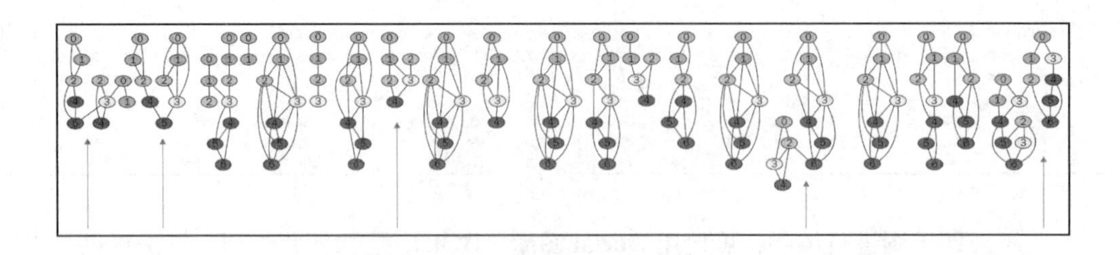

这些链本质上是图中连接的组件。可使用 `boost::connected_components()` 提取组件：

```
// Get connected components
std::vector<int> component(num_vertices(gFiltered), -1);
int num = connected_components(gFiltered, &component[0]);
map<int, vector<Vertex> > components;
for (size_t i = 0; i != component.size(); ++i) {
    if (component[i] >= 0) {
        components[component[i]].push_back(i);
    }
}
```

可过滤掉这些错误的组件（在任何一个图像中都存在多个特征），得到一个正确的匹配图。

2.3.3　3D 重建和可视化

原则上，在获得了轨迹后，需要将它们转换为 OpenCV 的 `sfm` 模块所期望的数据结构。不幸的是，`sfm` 模块缺乏好的文档说明，所以这部分我们必须通过阅读源代码来自行解决。我们需要调用的函数在 `cv::sfm::` namespace 中，所以可从 `opencv_contrib/modules/sfm/include/opencv2/sfm/reconstruct.hpp` 中找到这些函数。

```
void reconstruct(InputArrayOfArrays points2d, OutputArray Ps, OutputArray
points3d, InputOutputArray K, bool is_projective = false);
```

`opencv_contrib/modules/sfm/src/simple_pipeline.cpp` 文件暗示了该函数期望输入什么：

```
static void
parser_2D_tracks( const std::vector<Mat> &points2d, libmv::Tracks &tracks )
{
  const int nframes = static_cast<int>(points2d.size());
  for (int frame = 0; frame < nframes; ++frame) {
    const int ntracks = points2d[frame].cols;
    for (int track = 0; track < ntracks; ++track) {
      const Vec2d track_pt = points2d[frame].col(track);
      if ( track_pt[0] > 0 && track_pt[1] > 0 )
        tracks.Insert(frame, track, track_pt[0], track_pt[1]);
    }
  }
}
```

通常，sfm 模块使用了一个简化版本的 libmv（https://developer.blender.org/tag/libmv/）。这是一个非常完善的 SfM 包，用于 Blender 3D（https://www.blender.org/）图形软件在电影制作中进行 3D 重建。

轨迹需要放置在多个单独的 cv::Mat 的向量中，其中每个向量都包含一个对齐的 cv::Vec2d 列表作为列，这意味着它有两行双精度数。我们还可推断出轨迹中缺失（不匹配）的特征点将具有负坐标。以下代码段将从匹配图中提取符合其数据结构的轨迹：

```
vector<Mat> tracks(nViews); // Initialize to number of views

// Each component is a track
const size_t nViews = imagesFilenames.size();
tracks.resize(nViews);
for (int i = 0; i < nViews; i++) {
    tracks[i].create(2, components.size(), CV_64FC1);
    tracks[i].setTo(-1.0); // default is (-1, -1) - no match
}
int i = 0;
for (auto c = components.begin(); c != components.end(); ++c, ++i) {
    for (const int v : c->second) {
        const int imageID = imageIDs[g[v].image];
        const size_t featureID = g[v].featureID;
        const Point2f p = keypoints[g[v].image][featureID].pt;
        tracks[imageID].at<double>(0, i) = p.x;
        tracks[imageID].at<double>(1, i) = p.y;
    }
}
```

接下来运行重建函数，收集稀疏 3D 点云和对应的色彩，然后，将结果可视化（使用 cv::viz::）：

```
cv::sfm::reconstruct(tracks, Rs, Ts, K, points3d, true);
```

这将产生带有点云和相机位置的稀疏重建，如下图所示：

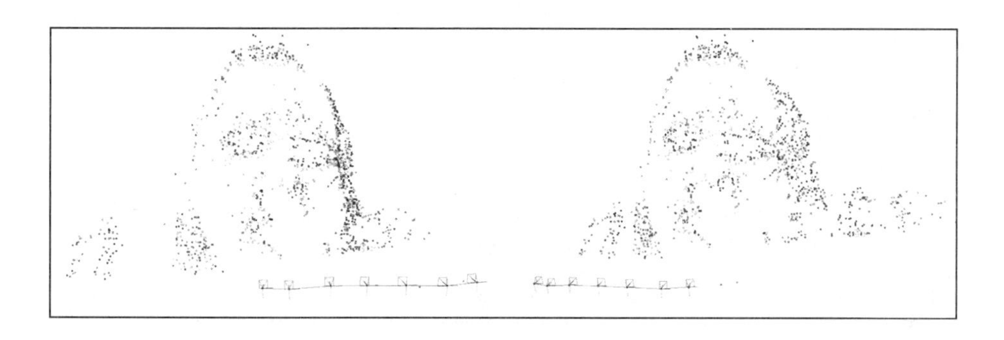

将 3D 点重新投影到 2D 图像，可验证重建的正确性：

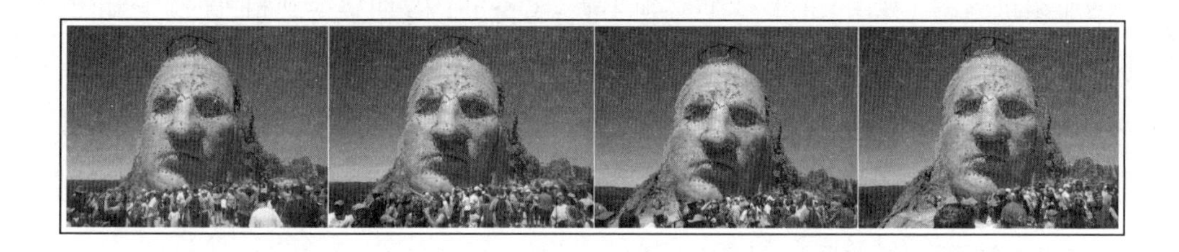

有关重建和可视化的完整代码，请参阅附带的源代码库。

注意这是稀疏重建，只能看到特征匹配的 3D 点。这对获取场景对象的几何形状，并不会产生吸引人的效果。在多数情况下，SfM 过程不会到稀疏重建就结束，因为稀疏重建对于很多应用（例如 3D 扫描）来说是无用的。接下来，我们将看到如何实现**稠密重建**。

2.3.4　用于稠密重建的 MVS

接下来，利用稀疏 3D 点云和相机姿态，我们可以使用 MVS 继续进行稠密重建。在第一部分已经学习了 MVS 的基本概念；然而，我们不需要从头开始，只需要使用 OpenMVS 项目即可实现它。要使用 OpenMVS 进行点云密集化处理，必须使用特殊的格式来保存项目。OpenMVS 提供了一个保存和加载 `.mvs` 项目的类，称为 `MVS::Interface` 类，它在 `MVS/Interface.h` 中被定义。

让我们从相机开始：

```
MVS::Interface interface;
MVS::Interface::Platform p;

// Add camera
MVS::Interface::Platform::Camera c;
c.K = Matx33d(K_); // The intrinsic matrix as refined by the bundle
adjustment
c.R = Matx33d::eye(); // Camera doesn't have any inherent rotation
c.C = Point3d(0,0,0); // or translation
c.name = "Camera1";
const Size imgS = images[imagesFilenames[0]].size();
c.width = imgS.width; // Size of the image, to normalize the intrinsics
c.height = imgS.height;
p.cameras.push_back(c);
```

添加相机姿态（视图）时，我们必须小心。OpenMVS 期望得到相机的旋转和**中心**，而不是点投影的相机姿态矩阵 $[R|t]$。因此我们必须通过应用反向旋转 $-R^t t$ 来变换平移向量，以表示相机的中心：

```
// Add views
p.poses.resize(Rs.size());
for (size_t i = 0; i < Rs.size(); ++i) {
    Mat t = -Rs[i].t() * Ts[i]; // Camera *center*
    p.poses[i].C.x = t.at<double>(0);
    p.poses[i].C.y = t.at<double>(1);
    p.poses[i].C.z = t.at<double>(2);
    Rs[i].convertTo(p.poses[i].R, CV_64FC1);

    // Add corresponding image (make sure index aligns)
    MVS::Interface::Image image;
    image.cameraID = 0;
    image.poseID = i;
    image.name = imagesFilenames[i];
    image.platformID = 0;
    interface.images.push_back(image);
}
p.name = "Platform1";
interface.platforms.push_back(p);
```

在 `Interface` 中添加点云后，通过命令行来继续进行点云稠密化处理：

```
$ ${openMVS}/build/bin/DensifyPointCloud -i crazyhorse.mvs
18:48:32 [App ] Command line: -i crazyhorse.mvs
18:48:32 [App ] Camera model loaded: platform 0; camera 0; f 0.896x0.896;
poses 7
18:48:32 [App ] Image loaded 0: P1000965.JPG
18:48:32 [App ] Image loaded 1: P1000966.JPG
```

```
18:48:32 [App ] Image loaded 2: P1000967.JPG
18:48:32 [App ] Image loaded 3: P1000968.JPG
18:48:32 [App ] Image loaded 4: P1000969.JPG
18:48:32 [App ] Image loaded 5: P1000970.JPG
18:48:32 [App ] Image loaded 6: P1000971.JPG
18:48:32 [App ] Scene loaded from interface format (11ms):
7 images (7 calibrated) with a total of 5.25 MPixels (0.75 MPixels/image)
1557 points, 0 vertices, 0 faces
18:48:32 [App ] Preparing images for dense reconstruction completed: 7
images (125ms)
18:48:32 [App ] Selecting images for dense reconstruction completed: 7
images (5ms)
Estimated depth-maps 7 (100%, 1m44s705ms)
Filtered depth-maps 7 (100%, 1s671ms)
Fused depth-maps 7 (100%, 421ms)
18:50:20 [App ] Depth-maps fused and filtered: 7 depth-maps, 1653963
depths, 263027 points (16%%) (1s684ms)
18:50:20 [App ] Densifying point-cloud completed: 263027 points
(1m48s263ms)
18:50:21 [App ] Scene saved (489ms):
7 images (7 calibrated)
263027 points, 0 vertices, 0 faces
18:50:21 [App ] Point-cloud saved: 263027 points (46ms)
```

此过程可能需要几分钟才能完成。然而，一旦完成，效果就凸现出来。密集点云有 263 027 个 3D 点，而稀疏点云只有 1557 个。我们可以使用 OpenMVS 中捆绑的 `Viewer` 应用程序可视化密集的 OpenMVS 项目：

OpenMVS 还有其他一些功能可以完成重建，比如从密集点云中提取三角网络。

2.4 小结

本章重点介绍了 SfM、OpenCV 的 `sfm` 贡献模块和 OpenMVS。探讨了多视图几何中的一些理论概念和一些实际问题：提取关键特征点，进行匹配，创建和分析匹配图，运行重建，最后执行 MVS 使稀疏的 3D 点云密集化。

在下一章，我们将看到如何使用 OpenCV 的 `face contrib` 模块检测照片中的人脸标识，以及使用 `solvePnP` 函数检测人脸方向。

CHAPTER 3

第 3 章

使用人脸模块进行人脸特征点及姿态检测

人脸特征点检测是一个在人脸图像中寻找兴趣点的过程。最近，计算机视觉领域掀起一波人脸热潮，因为它有许多引人注目的应用，例如，通过面部特征检测情绪，估计注视方向，改变面部外观（**换脸**），利用图形增强面部表情，以及虚拟角色的木偶操纵。我们可以在现在的智能手机和 PC 网络摄像头程序中看到许多这样的应用。为了实现这些功能，特征点检测器必须在面部找到几十个点，比如，嘴角、眼角、颌骨轮廓等。为此，人们开发出许多算法，OpenCV 已实现了其中一部分。在本章中，我们将讨论利用 `cv::face` 模块来检测人脸特征点（也可称作 facemark）的过程，该模块提供用于推理的 API 以及 facemark 检测器的训练 API。我们还将看到如何应用 facemark 检测器来确定三维人脸的方向。

本章将介绍以下主题：

- 介绍人脸特征点检测的历史和原理，并对在 OpenCV 中运用的算法进行说明
- 利用 OpenCV 中的 `face` 模块进行人脸特征点检测
- 通过 2D-3D 的转换信息估计人脸的大致方向

3.1 技术要求

本章需要以下技术和设备来构建代码：

- OpenCV v4（使用 `face contrib` 模块编译）
- Boost v1.66+

以上组件的构建说明，以及实现本章所述概念的代码，将在附带的代码仓库中提供。

为了运行 facemark 检测器，需要一个预训练模型。虽然使用 OpenCV 中提供的 API 确实可以训练检测器模型，但也可下载一些预先训练好的模型。这样的模型可以从 https://raw.githubusercontent.com/kurnianggoro/GSOC2017/master/data/lbfmodel.yaml 中获得。该模型由算法贡献者实现并提供给 OpenCV（在 2017 的 Google Summer of Code（GSoC）期间）。

facemark 检测器可以处理任何图像；不过，我们可以指定一个面部照片和视频数据集来对 facemark 算法进行基准测试。例如数据集，300-VW[⊖]，由伦敦帝国理工学院（Imperial College London）的计算机视觉小组“智能行为理解小组（iBUG)”提供，可在 https://ibug.doc.ic.ac.uk/resources/300-VW/ 上获取，它包含了数百个视频的面部表情，并且仔细标注了 68 个面部特征点。该数据集既可训练 facemark 检测器，也可评估我们所用的预训练模型的性能水平。以下是 300-VW 视频中的带有基准（ground truth）标注的示例：

根据知识共享许可转载的图像

⊖ 300-VW：300 Videos in the Wild，面部表情数据集，包含 114 个视频。——译者注

3.2　背景和理论

人脸特征点检测算法自动找出人脸图像上关键特征点的位置。这些关键点通常是位于面部的突出点，如眼角或嘴角，以达到对脸型更高层次的了解。例如，为了检测适当范围的面部表情，需要围绕下颌线、嘴、眼睛和眉毛的点。由于各种原因，寻找面部特征点被证明是一项艰巨的任务：主体、照明条件和遮挡之间的差异都可能很大。为此，计算机视觉研究人员在过去三十年中提出了许多具有里程碑意义的检测算法。

最近一项关于人脸特征点检测的调查（Wu and Ji，2018）建议将特征点检测分为三组：整体方法、**约束局部模型**（constraint local model，CLM）方法和回归方法：

- Wu 和 Ji 提出了一种**基于整体的方法**（holistic method）来模拟人脸像素亮度的完整外观
- CLM（有约束的局部模型）方法结合全局模型检查每个特征点周围的局部块
- **回归方法**迭代地尝试使用回归器学习的一系列小的更新来预测特征点的位置

3.2.1　主动外观模型与受约束的局部模型

基于整体的方法的一个典型例子是 90 年代末的**主动外观模型**（AAM），它归功于 T.F.Cootes（1998）的工作。AAM 的目标为：将训练数据中获得的已知人脸通过迭代方式与输入的目标图像进行匹配。该图像在收敛时给出形状，从而给出特征点。AAM 及其衍生方法非常受欢迎，至今仍然受到相当多的关注。而 AAM 的后继者 CLM 方法在光照变化和有遮挡情况下表现出了更好的性能，并迅速占据了领先地位。CLM 方法主要归功于 Cristinacce 和 Cootes（2006）以及 Saragih 等人（2011）的工作，CLM 方法对每个标记点的像素亮度进行局部建模（打补丁），并预先结合全局形状以应对遮挡和错误的局部检测。

CLM 一般可以用最小化函数描述，其中 p 是人脸形状姿态，可以分解为其 D 特征点 $x_d(p)$ 点，如下：

$$\hat{p} = \arg\min_{p} Q(p) + \sum_{d=1}^{D} \text{Distance}\left(x_d(p), I\right)$$

面部姿态主要是通过**主成分分析**（PCA）得到的，而特征点是逆PCA变换的结果。使用PCA很有用的，因为大多数面部形状的姿态是强相关的，整个特征点空间是高度冗余的。距离函数（表示为Distance）用于确定给定的特征点与图像I的接近程度。在很多情况下，距离函数是一个小块对小块（patch-to-patch）的相似性度量（模板匹配）函数，或者使用基于边缘的特征，如**梯度直方图**（HOG）。$Q(p)$表示在不可能的或极端的人脸姿态上进行正则化处理。

3.2.2 回归方法

相比之下，回归方法采用了更简单但更强大的方法。它是一种机器学习方法，通过回归，对特征点初始位置不断更新，迭代至位置收敛为止。其中，$\hat{S}^{(t)}$是t时刻的模型，$r_t(I, \hat{S}^{(t)})$是在图像I和当前形状上运行参数r的结果，如下所示：

$$\hat{S}^{(t+1)} = S^{(t)} + r_t\left(I, S^{(t)}\right)$$

通过不断迭代和更新操作，将获得最终特征点位置。

这种方法通过消耗大量的训练数据，并放弃了类似CLM这样的以局部相似性和全局约束的手工模型为核心思想的方法。目前流行的回归方法是**梯度提升树**（GBT），它提供了非常快速的推理，实现简单，并且可以形成森林来并行处理。

还有一些新的方法可以利用深度学习来检测面部特征点。这些新方法要么使用**卷积神经网络**（CNN）直接从图像中回归人脸特征的位置，要么将CNN与三维模型和级联回归方法相结合。

OpenCV的`face`模块（在OpenCV v3.0中首次引入），包含AAM的实现，以及Ren等人（2014）和Kazemi等人（2014）的回归类型方法的实现。在本章中，我们将采用Ren等人（2014）的方法，因为它给出了由贡献者提供的预训练模型的最佳结果。Ren等人的方法是学习最佳**局部二值特征**（LBF），这是一个非常简短的二进制代码，它能描述每个特征点周围的视觉外观，并通过回归学习不断更新形状。

3.3 OpenCV 中的人脸特征点检测

特征点检测从**人脸检测**开始，在图像中寻找人脸以及范围（边界框）。人脸检测一直被认为是一个已解决的问题，OpenCV 包含一个强大的人脸检测器，免费向公众提供。实际上，早期的 OpenCV 主要用于其快速人脸检测功能，实现规范 Viola-Jones 增强级联分类器算法（Viola 等人 2001，2004），并提供预训练模型。虽然自那时起，已经开发出很多种人脸检测，但使用捆绑级联分类器仍然是 OpenCV 中检测人脸最快、最简单的方法，只需使用 `core` 模块中提供的 `cv::CascadeClassifier` 类即可。

我们实现了一个具有级联分类器的简单辅助函数来检测人脸，如下所示：

```
void faceDetector(const Mat& image,
                  std::vector<Rect> &faces,
                  CascadeClassifier &face_cascade) {
    Mat gray;

    // The cascade classifier works best on grayscale images
    if (image.channels() > 1) {
        cvtColor(image, gray, COLOR_BGR2GRAY);
    } else {
        gray = image.clone();
    }

    // Histogram equalization generally aids in face detection
    equalizeHist(gray, gray);

    faces.clear();

    // Run the cascade classifier
    face_cascade.detectMultiScale(
        gray,
        faces,
        1.4, // pyramid scale factor
        3,   // lower thershold for neighbors count
        // here we hint the classifier to only look for one face
        CASCADE_SCALE_IMAGE + CASCADE_FIND_BIGGEST_OBJECT);
}
```

我们可能还想要调整控制人脸检测的两个参数：金字塔尺度因子（pyramid scale factor）和邻近点数量。金字塔尺度因子用于创建图像金字塔，检测器将在其中查找人脸。因为很少有检测器具有缩放因子来实现多尺度检测。在生成图像金字塔的每一步中，图像按此因子缩小，因此较小的因子（接近 1.0）将导致生成更多图像，更长的运行时间，但结果更准确。我们还控制了邻近人脸数的下限。当级联分类器找到多个彼此相邻的人脸时，起到限制作用。比如在此处，如果检测出至少有三个相邻的人脸，整个分类器只返回一个人脸。 较小的数字（一个整数，接近 1）将得到更多的检测结果，但也会引入误报。

必须先用 OpenCV 提供的模型来初始化级联分类器（序列化模型的 XML 文件在 `$OPENCV_ROOT/data/haarcascades` 目录中提供）。我们对正面人脸使用标定训练分类器，示例如下：

```
const string cascade_name =
"$OPENCV_ROOT/data/haarcascades/haarcascade_frontalface_default.xml";

CascadeClassifier face_cascade;
if (not face_cascade.load(cascade_name)) {
    cerr << "Cannot load cascade classifier from file: " << cascade_name <<
endl;
    return -1;
}

// ... obtain an image in img

vector<Rect> faces;
faceDetector(img, faces, face_cascade);

// Check if any faces were detected or not
if (faces.size() == 0) {
    cerr << "Cannot detect any faces in the image." << endl;
    return -1;
}
```

下图显示了人脸检测器的可视化结果：

确定人脸边界框（bounding box）之后，人脸检测器将围绕检测到的人脸进行工作。不过，首先，还需对 `cv::face::Facemark` 对象进行初始化，示例如下：

```
#include <opencv2/face.hpp>

using namespace cv::face;

// ...

const string facemark_filename = "data/lbfmodel.yaml";
Ptr<Facemark> facemark = createFacemarkLBF();
facemark->loadModel(facemark_filename);
cout << "Loaded facemark LBF model" << endl;
```

所有特征点检测器需要实现 cv::face::Facemark 抽象方法的接口，并提供具体算法来实现推理和训练的基本函数。初始化后，可以使用 facemark 对象及其 fit 函数来查找面部形状，如下所示：

```
vector<Rect> faces;
faceDetector(img, faces, face_cascade);

// Check if faces detected or not
if (faces.size() != 0) {
    // We assume a single face so we look at the first only
    cv::rectangle(img, faces[0], Scalar(255, 0, 0), 2);

    vector<vector<Point2f> > shapes;

    if (facemark->fit(img, faces, shapes)) {
        // Draw the detected landmarks
        drawFacemarks(img, shapes[0], cv::Scalar(0, 0, 255));
    }
} else {
    cout << "Faces not detected." << endl;
}
```

下图显示了特征点检测器的可视化结果（使用 cv::face::drawFacemarks）：

测量误差

从表面上看，效果似乎很好。不过，由于我们有基准数据可以参考，所以可以选择将其与检测结果进行分析比较，并获得误差估计。我们可以使用欧几里德距离的标定差

来 $\left(\frac{1}{n}\sum_i^n \| X_i - \hat{y}_i \| L_2\right)$ 来判断预测结果与基准（ground truth）标注的接近程度：

```
float MeanEuclideanDistance(const vector<Point2f>& A, const
vector<Point2f>& B) {
    float med = 0.0f;
    for (int i = 0; i < A.size(); ++i) {
        med += cv::norm(A[i] - B[i]);
    }
    return med / (float)A.size();
}
```

下面的屏幕截图显示了预测结果（红色）和参考基准（绿色）的可视化结果：

可以看出，对于以上的视频帧，所有的特征点平均误差大约只有一个像素。

3.4　基于特征点的人脸方向估计

在获得人脸特征点后，就可以尝试找到人脸的方向。二维面部特征点基本上符合头部形状。因此，一旦给定一个人头部的通用三维模型，我们可以找出多个面部特征点近似对应的三维点，如下图所示：

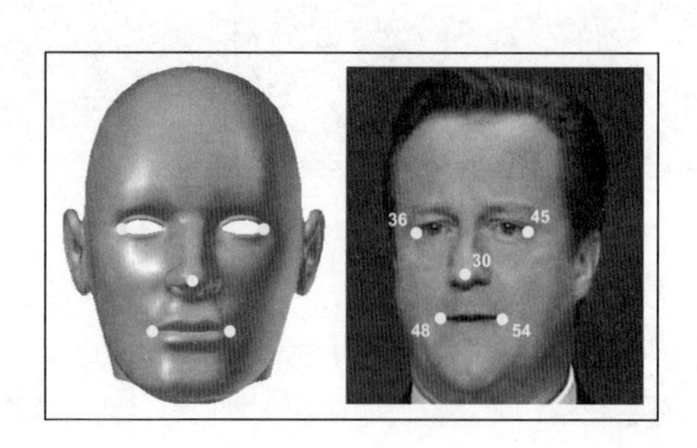

3.4.1 估计姿态计算

通过2D-3D的对应关系，我们可以用Point-n-Perspective（PnP）算法计算出头部相对于相机的3D姿态（旋转和平移）。虽然该算法和对象姿态检测的细节超出了本章的讨论范围，但我们可以解释为什么只需要少量的2D-3D对应点就可以找出其关系。上一张照片的相机与这一张的相机之间具有**刚性**变换，也就是说：相机中的物体已经移动了一定距离，并且也相对于物体旋转了一些角度。从广义上讲，我们可以把照片（靠近相机）上的点与物体之间的关系写成：

$$\begin{pmatrix} x \\ y \\ 1 \end{pmatrix} = s\begin{pmatrix} f_x & 0 & c_x \\ 0 & f_y & c_y \\ 0 & 0 & 1 \end{pmatrix}\begin{pmatrix} r_1 & r_2 & r_3 & t_1 \\ r_4 & r_5 & r_6 & t_2 \\ r_7 & r_8 & r_9 & t_3 \end{pmatrix}\begin{pmatrix} U \\ V \\ W \\ 1 \end{pmatrix}$$

这个方程中，U、V、W是物体的三维位置，x、y是图像中的点。这个方程还包括一个投影，由相机内参决定（焦距f和中心点c），能够将3D点转换成2D图像点，缩放因子为s。

假设我们通过标定相机给出内参，或者近似的值，然后再找出12个旋转和平移系数。如果有足够的二维和三维对应点，我们可以写出一个线性方程组，其中每个点可以贡献两个方程，来解出所有这些系数。事实上，我们不需要全部6个点，因为旋转的自由度小于9，我们只需要4个点。OpenCV利用`calib3d`模块的`cv::solvePnP`函数实现了求解旋转和平移。

我们将三维点和二维点对应起来，再使用`cv::solvePnP`：

```
vector<Point3f> objectPoints {
        {8.27412, 1.33849, 10.63490},    //left eye corner
        {-8.27412, 1.33849, 10.63490},   //right eye corner
        {0, -4.47894, 17.73010},         //nose tip
        {-4.61960, -10.14360, 12.27940}, //right mouth corner
        {4.61960, -10.14360, 12.27940},  //left mouth corner
};
vector<int> landmarksIDsFor3DPoints {45, 36, 30, 48, 54}; // 0-index
```

```
// ...
vector<Point2f> points2d;
for (int pId : landmarksIDsFor3DPoints) {
    points2d.push_back(shapes[0][pId] / scaleFactor);
}

solvePnP(objectPoints, points2d, K, Mat(), rvec, tvec, true);
```

相机内参矩阵 K 是根据先前图像的大小来估算的。

3.4.2 将姿态投影到图像上

有了旋转和平移值，我们将先前人脸的四个点的空间坐标投影到图像上：鼻尖，x 轴方向，y 轴方向以及 z 轴方向。并绘制箭头符号。

```
vector<Point3f> objectPointsForReprojection {
        objectPoints[2],                   // tip of nose
        objectPoints[2] + Point3f(0,0,15), // nose and Z-axis
        objectPoints[2] + Point3f(0,15,0), // nose and Y-axis
        objectPoints[2] + Point3f(15,0,0)  // nose and X-axis
};
//...

vector<Point2f> projectionOutput(objectPointsForReprojection.size());
projectPoints(objectPointsForReprojection, rvec, tvec, K, Mat(),
projectionOutput);
arrowedLine(out, projectionOutput[0], projectionOutput[1],
Scalar(255,255,0));
arrowedLine(out, projectionOutput[0], projectionOutput[2],
Scalar(0,255,255));
arrowedLine(out, projectionOutput[0], projectionOutput[3],
Scalar(255,0,255));
```

这样，面部指向的方向就可以显示出来了，如下图所示：

3.5 小结

在本章中，我们学习了如何使用OpenCV的`face contrib`模块和`cv::Facemark API`来检测图像中的人脸特征点，然后将这些特征点与`cv::solvePnP()`结合来寻找人脸的大致方向。这些API简单且直接，但功能强大。有了特征检测的知识后，可以实现许多令人兴奋的应用程序，如增强现实、人脸交换、识别和傀儡操作。

CHAPTER 4

第4章

基于深度卷积网络的车牌识别

本章将介绍创建**自动车牌识别**（ANPR）应用程序所需的步骤。不同的情况下，例如使用红外相机、固定汽车位置和光线条件等，实现 ANPR 需要不同的方法和技术。本章将着手构建一个 ANPR 应用程序来检测汽车牌照，该程序可以检测距离汽车两到三米、模糊的光照条件、与地面不平行、汽车牌照的角度发生轻微扭曲的条件下拍摄的照片。

本章的主要目标是介绍图像分割、特征提取、模式识别基础以及两种重要的模式识别算法，即**支持向量机**（SVM）和**深度神经网络**（DNN），并使用了**卷积神经网络**。我们将介绍以下主题：

- ANPR
- 车牌检测
- 车牌识别

4.1 ANPR 简介

ANPR 有时也称为**自动车牌识别**（ALPR）、**自动车辆识别**（AVI）或**车牌识别**（CPR），它是一种利用**光学字符识别**（OCR）和其他方法（如图像分割与检测）来读取车牌的监测方法。

在 ANPR 系统中，采用**红外**（IR）相机可以获得最佳的分割效果，因为用于检测和

OCR 分割的步骤简单清晰，误差最小。入射角等于**反射角**是一条光学的基本定律。当看到光滑的表面时（比如平面镜），就可以看到这个基本的反射。在诸如纸张的粗糙表面上的反射类型被称为**漫射或散射**。不过，大多数国家的车牌都有一个特殊的特征，称为**逆反射**（Retroreflection）：它的表面由覆盖着数千个微小半球的材料构成，这些半球会使光线反射回光源，如下图所示：

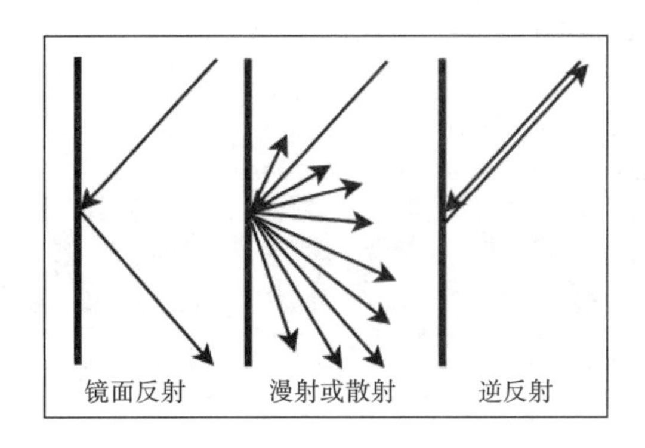

如果使用一个带有滤光耦合结构的红外光投影仪的相机，就可只获取红外光，这样就能得到高品质的图像，对这种图像进行分割，然后检测和识别任何光照环境下的车牌号，如下图所示：

本章将不使用红外图像，只使用普通图像，虽然这样不会获得最好的结果，并且检测错误和错误识别率也要高于使用红外相机，但是，两者的步骤都是相同的。

每个国家的车牌尺寸和规格都不相同。了解具体情况对得到最好的结果并减少误差很有用。本章中使用的算法旨在解释 ANPR 的基础知识，并为在西班牙使用的车牌而设计，不过，你可以将其扩展到任何国家或规范中去。

本章使用西班牙车牌。在西班牙，有三种不同尺寸和形状的车牌，本章采用最常见的（大）牌照，它的大小为 520mm × 110mm。两组字符由 41mm 的空白分隔，字符间的距离为 14mm。第一组字符为四个数字，第二组字符为三个字母，但不包括元音字母 A、E、I、O、U，也不包括字母 N 或 Q。每个字符大小为 45mm × 77mm。

这些数据对于字符分割非常重要，通过检查字符和空格以验证是否得到了相应的字符，而不是由图像分割得到其他对象：

4.2　ANPR 算法

在解释 ANPR 代码之前，需要明白 ANPR 算法中的主要步骤和任务。ANPR 分为两个主要步骤，车牌检测和车牌识别：

- 车牌检测的目的是在整个视频帧中检测到车牌位置。
- 当在图像中检测到车牌时，分割的车牌被传递给第二步（车牌识别），这一步使用 OCR 算法来识别车牌上的字母和数字。

在下图中是两个主要的算法步骤：车牌检测和车牌识别。在完成这些步骤后，程序会在相机图像中绘制已检测到的车牌字符。算法有可能返回错误的结果，或者可能不返回任何结果：

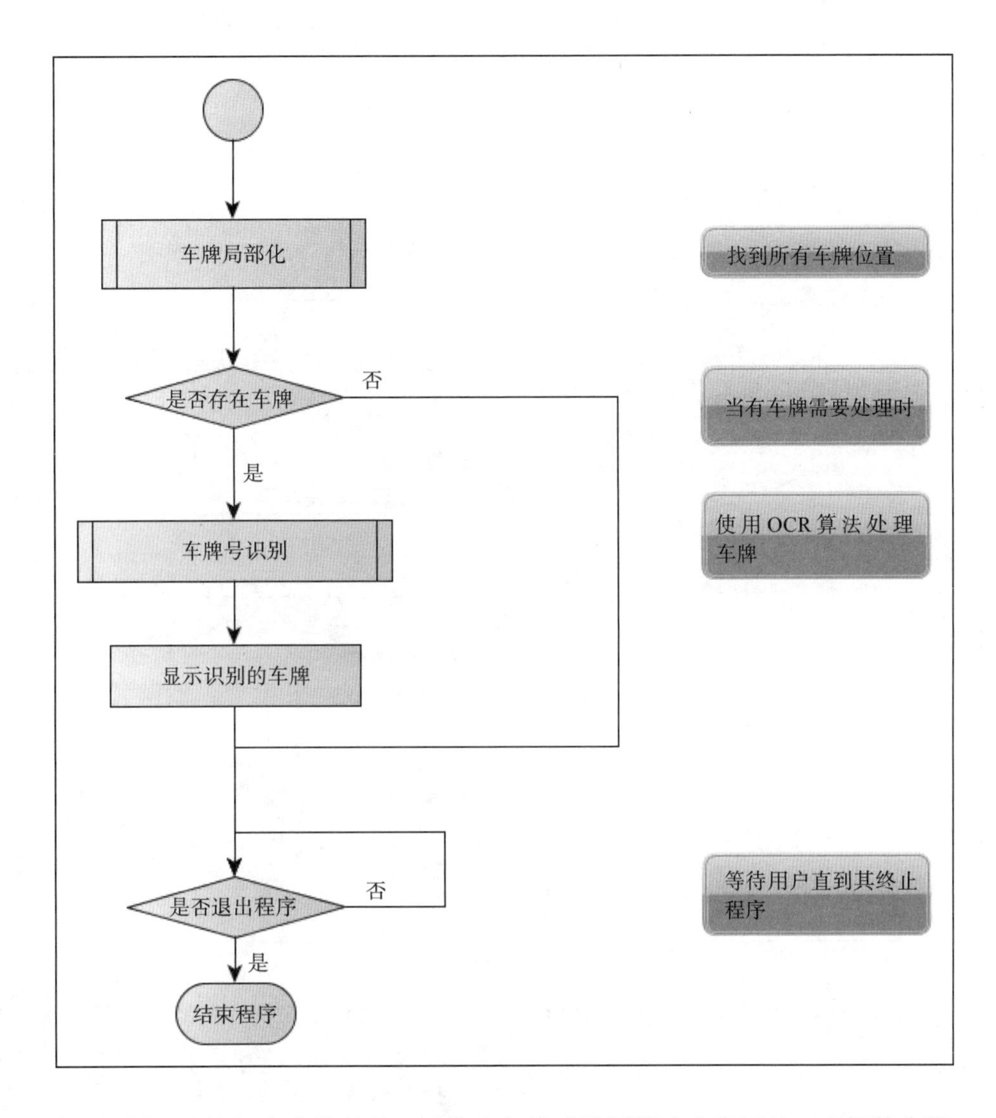

除了上图显示的每个步骤以外，还将定义模式识别算法中常用的三个额外步骤：

1. **分割**：检测并裁剪图像中每个感兴趣的块 / 区域。

2. **特征提取**：从每个图像块中提取一组特征。

3. **分类**：从车牌识别后的结果中提取每个字符，或将车牌检测之后将所得到的图像分为是车牌或不是车牌。

下图展示了整个应用程序中的模式识别步骤：

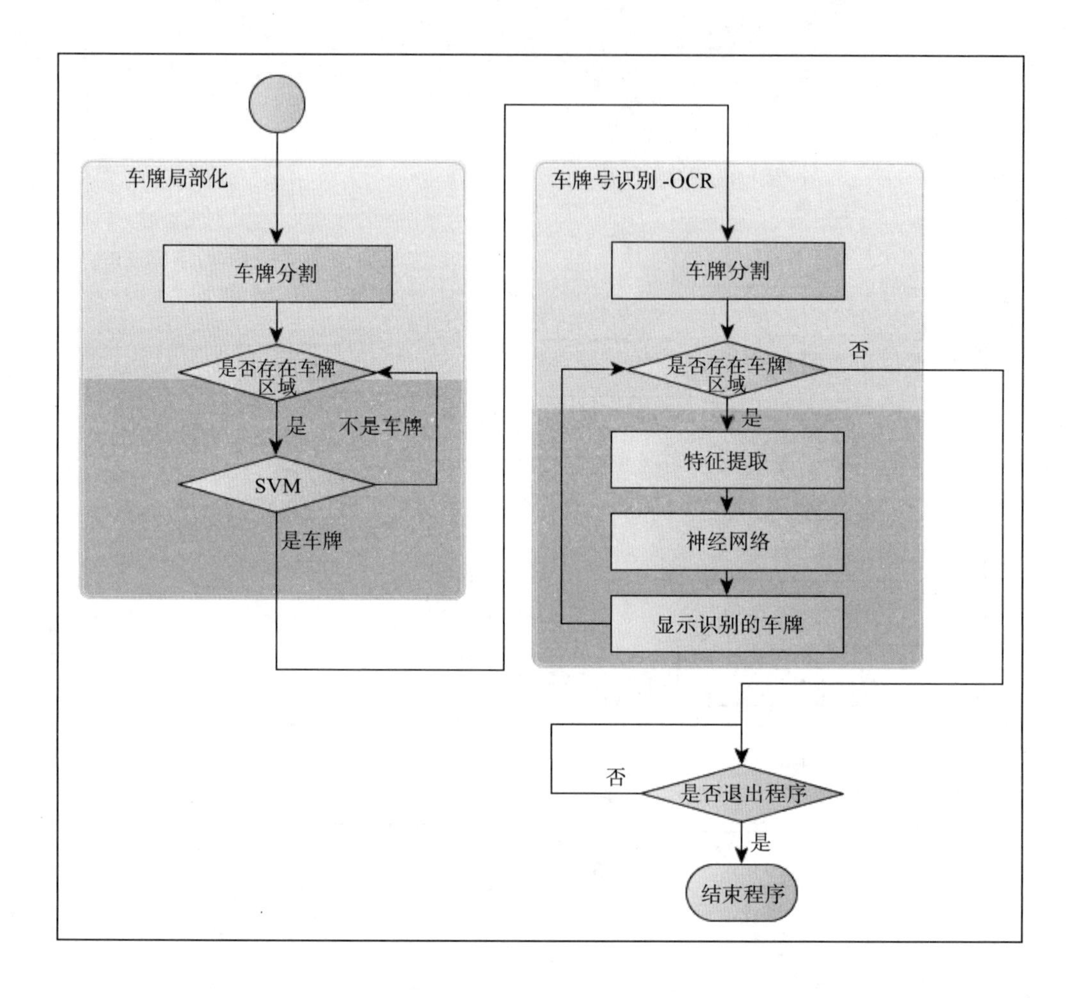

除主程序（其目的是检测和识别车牌号码）之外，我们还将简要解释另外两项通常被忽略的任务：

- 如何训练模式识别系统
- 如何评估模式识别系统

很多时候，这些任务可能比主程序更重要，因为如果没有正确地训练模式识别系统，系统将无法正常工作。不同的模型需要不同的训练和评估类型。我们需要在不同的环境、条件和特征下对系统进行评估，以得出最好的结果。这两个任务有时会一起使用，因为不同的特征可能产生不同的结果，我们可以在评估章节看到这一点。

4.3　车牌检测

这一步要检测当前帧中的所有车牌。为完成这一任务，我们将其分为两个主要步骤：分割和分类。由于我们将图像块用作向量特征，因此不再进行特征提取。

在第一步（分割）中，将应用不同的滤波器、形态学算子、轮廓算法来验证图像中可能包含车牌的部分。

在第二步（分类）中，将对每个图像块（即特征）应用 SVM 分类器进行分类。在创建主应用程序之前，先训练两个不同的类：车牌和非车牌。我们将使用在汽车前 2 ～ 4 米的距离拍摄的宽度为 800 像素的平行正面视角彩色图像。这些要求对正确的图像分割非常重要。可创建一个多尺度的图像算法来执行检测。

车牌检测过程如下图所示：

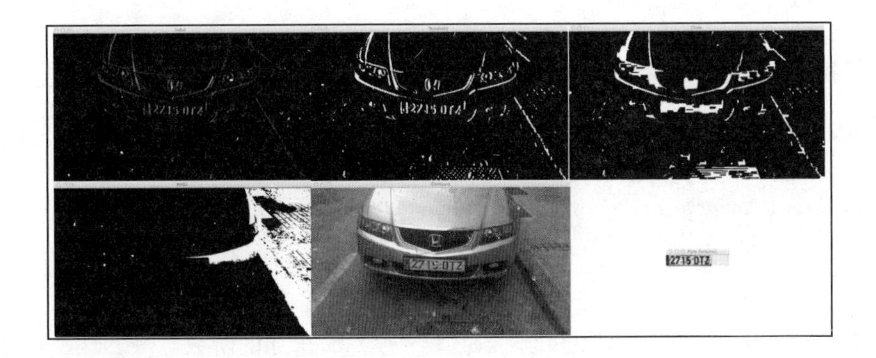

所涉及的程序如下：

- Sobel 滤波器
- 阈值算子
- 闭形态学算子
- 一个填充区域的掩码
- 用红色标记（特征图像中）可能检测到的车牌
- 基于 SVM 分类器的车牌检测

4.3.1 分割

分割是将图像分割成多个区域的过程。此过程是为了简化图像分析，同时使特征提取更容易。

车牌分割的一个重要特征是：假设图像是正面拍摄的，车牌没有旋转，并且没有透视扭曲，则车牌中会存在大量的垂直边缘。在首次分割时，可以利用这个特征来删除没有任何垂直边缘的区域。

在找到垂直边缘之前，我们需要将彩色图像转换为灰度图像（因为颜色对本任务没用），并消除可能由相机或其他因素产生的噪点。利用 5 × 5 高斯模糊来去噪。如果不进行去噪，可能会得到很多垂直边缘，从而造成检测失败：

```
//convert image to gray
Mat img_gray;
cvtColor(input, img_gray, CV_BGR2GRAY);
blur(img_gray, img_gray, Size(5,5));
```

为了找到垂直边缘，将采用 `Sobel` 滤波器对水平方向（x）求一阶导数。这个导数是一个数学函数，它可以在图像上找到垂直边缘。OpenCV 中 `Sobel` 函数的定义如下：

```
void Sobel(InputArray src, OutputArray dst, int ddepth, int xorder, int
yorder, int ksize=3, double scale=1, double delta=0, int
borderType=BORDER_DEFAULT )
```

这里，`ddepth` 是目标图像深度，`xorder` 是对 x 求导的阶数，`yorder` 是对 y 求导的阶数，`ksize` 表示核（kernel）大小，其取值为 1、3、5、7（默认为 3）；`scale` 是计算导数值的可选因子，`delta` 是加入结果的可选值（默认为 0），`borderType` 是像素内插方法。

所以，此处可使用 `xorder = 1`、`yorder = 0` 和 `ksize = 3`：

```
//Find vertical lines. Car plates have high density of vertical
lines
Mat img_sobel;
Sobel(img_gray, img_sobel, CV_8U, 1, 0, 3, 1, 0);
```

在执行完 Sobel 滤波器后，再采用阈值滤波器来获得二值图像，阈值通过 Otsu 算法得到。Otsu 算法通过输入一个 8 位图像，自动获取图像的最优阈值：

```
//threshold image
Mat img_threshold;
threshold(img_sobel, img_threshold, 0, 255,
CV_THRESH_OTSU+CV_THRESH_BINARY);
```

为了在阈值函数中使用 Otsu 算法，我们将类型参数与 CV_THRESH_OTSU 值相结合，这样做就会忽略阈值参数。

当定义 CV_THRESH_OTSU 值后，阈值函数返回 Otsu 算法得到的优化阈值。

通过使用一个闭形态学算子，我们可以去除每条垂直边缘线之间的空白区域，并将边缘数目较多的区域连接为一块。在这个步骤中，有可能包含车牌的区域。

首先，需要定义在形态学算子中使用的结构元素。在我们的例子中，将使用 getStructuringElement 函数来定义具有 17×3 大小的结构矩形元素；其他图像可能元素尺寸会有所不同：

```
Mat element = getStructuringElement(MORPH_RECT, Size(17, 3));
```

然后，在闭形态学算子中通过 morphologyEx 函数使用这个结构元素：

```
morphologyEx(img_threshold, img_threshold, CV_MOP_CLOSE, element);
```

在执行这些函数之后，就会得到可能包含了车牌的区域，但大多数区域并不包含车牌。可以通过连通分量分析它们或使用 findContours 函数来拆分这些区域。下面这个函数用来获取二进制图像的轮廓，若在该函数中采用的方法不同，则得到的结果轮廓就不一样。我们只需用具有层次关系和近似多边形来逼近外部轮廓即可：

```
//Find contours of possibles plates
 vector< vector< Point>> contours;
```

```
findContours(img_threshold,
   contours, // a vector of contours
   CV_RETR_EXTERNAL, // retrieve the external contours
   CV_CHAIN_APPROX_NONE); // all pixels of each contours
```

可用 OpenCV 提供的 `minAreaRect` 函数对检测到的每个轮廓，提取最小面积的边界矩形。此函数返回一个名为 `RotatedRect` 的旋转矩形类。然后，对每个轮廓使用向量迭代器就可以获得旋转的矩形，从而在对每个区域进行分类之前进行一些初步验证：

```
//Start to iterate to each contour founded
 vector<vector<Point>>::iterator itc= contours.begin();
 vector<RotatedRect> rects;

 //Remove patch that has no inside limits of aspect ratio and
 area.
 while (itc!=contours.end()) {
     //Create bounding rect of object
     RotatedRect mr= minAreaRect(Mat(*itc));
     if(!verifySizes(mr)){
         itc= contours.erase(itc);
     }else{
         ++itc;
         rects.push_back(mr);
     }
 }
```

可根据区域的面积和纵横比，对检测到的区域进行基本验证。如果纵横比约为 520/110=4.727 272（车牌宽除以车牌高），那么就可认为这个区域是一个车牌，该误差范围为 40%，且车牌区域的高度误差在 15 ～ 125 个像素。这些值是根据图像大小和相机的位置计算得到的：

```
bool DetectRegions::verifySizes(RotatedRect candidate ){
    float error=0.4;
    //Spain car plate size: 52x11 aspect 4,7272
    const float aspect=4.7272;
    //Set a min and max area. All other patchs are discarded
    int min= 15*aspect*15; // minimum area
    int max= 125*aspect*125; // maximum area
    //Get only patches that match to a respect ratio.
    float rmin= aspect-aspect*error;
    float rmax= aspect+aspect*error;

    int area= candidate.size.height * candidate.size.width;
    float r= (float)candidate.size.width
```

```
    /(float)candidate.size.height;
    if(r<1)
        r= 1/r;

    if(( area < min || area > max ) || ( r < rmin || r > rmax )){
        return false;
    }else{
        return true;
    }
}
```

我们可以利用车牌的白色背景属性做更多的改进。所有的车牌都有相同的背景颜色，为了得到精确的裁剪，可使用漫水填充算法来获取旋转的矩形。

裁剪车牌的第一步是要得几个种子（seed)，它们位于最后被旋转矩形的中心附近，然后用宽和高得到车牌的最小尺寸，并使用它在块中心（patch center）附近产生随机种子。

如果我们想要选择白色区域，就需要这几个种子至少接触到一个白色像素。然后，对于每个种子，都使用 `floodFill` 函数来绘制一个新的掩码图像，存储最接近的裁剪区域：

```
for(int i=0; i< rects.size(); i++){
 //For better rect cropping for each possible box
 //Make floodFill algorithm because the plate has white background
 //And then we can retrieve more clearly the contour box
 circle(result, rects[i].center, 3, Scalar(0,255,0), -1);
 //get the min size between width and height
 float minSize=(rects[i].size.width < rects[i].size.height)?
 rects[i].size.width:rects[i].size.height;
 minSize=minSize-minSize*0.5;
 //initialize rand and get 5 points around center for floodFill algorithm
 srand ( time(NULL) );
 //Initialize floodFill parameters and variables
 Mat mask;
 mask.create(input.rows + 2, input.cols + 2, CV_8UC1);
 mask= Scalar::all(0);
 int loDiff = 30;
 int upDiff = 30;
 int connectivity = 4;
 int newMaskVal = 255;
 int NumSeeds = 10;
 Rect ccomp;
 int flags = connectivity + (newMaskVal << 8 ) + CV_FLOODFILL_FIXED_RANGE +
```

```
CV_FLOODFILL_MASK_ONLY;
 for(int j=0; j<NumSeeds; j++){
     Point seed;
     seed.x=rects[i].center.x+rand()%(int)minSize-(minSize/2);
     seed.y=rects[i].center.y+rand()%(int)minSize-(minSize/2);
     circle(result, seed, 1, Scalar(0,255,255), -1);
     int area = floodFill(input, mask, seed, Scalar(255,0,0), &ccomp,
Scalar(loDiff, loDiff, loDiff), Scalar(upDiff, upDiff, upDiff), flags);
```

floodFill 函数先设置要填充的像素与邻近像素之间或者像素种子之间的亮度 / 色差的差异的最下界和最上界，再从种子点处开始，用一种颜色将连通分量填充到图像掩码中：

```
int floodFill(InputOutputArray image, InputOutputArray mask, Point seed,
Scalar newVal, Rect* rect=0, Scalar loDiff=Scalar(), Scalar
upDiff=Scalar(), int flags=4 )
```

newval 参数是重新绘制漫水填充区域所用的颜色。loDiff 和 upDiff 参数是要填充的像素与邻近像素之间或像素种子之间的亮度 / 颜色差异的最下界和最上界。

参数标志是以下位的组合：

- **低位**（lower bit）：这些位设置函数中的连通性值：4 连通（默认值）或 8 连通，连通性决定考虑像素的哪种近邻。
- **高位**（upper bit）：这些位可为 0，也可以是以下值的组合：CV_FLOODFILL_FIXED_RANGE 和 CV_FLOODFILL_MASK_ONLY。

CV_FLOODFILL_FIXED_RANGE 用于设置当前像素与种子像素之间的差异。CV_FLOODFILL_MASK_ONLY 将只填充图像掩码，而不改变图像本身。

一旦我们有了裁剪掩码，便可以利用图像掩码来得到一个最小面积的矩形，并再次检查它的有效大小。对于每个掩码的白色像素，先获取其位置，再使用 minAreaRect 函数来获得最接近的裁剪区域：

```
//Check new floodFill mask match for a correct patch.
 //Get all points detected for get Minimal rotated Rect
```

```
vector<Point> pointsInterest;
Mat_<uchar>::iterator itMask= mask.begin<uchar>();
Mat_<uchar>::iterator end= mask.end<uchar>();
for( ; itMask!=end; ++itMask)
    if(*itMask==255)
        pointsInterest.push_back(itMask.pos());
    RotatedRect minRect = minAreaRect(pointsInterest);
    if(verifySizes(minRect)){
```

分割过程完成后，我们得到了有效的区域。接着，就可裁剪每个检测到的区域，删除可能的旋转，裁剪图像区域，调整图像大小，均衡裁剪图像区域的亮度。

首先，需要使用 getRotationMatrix2D 生成变换矩阵，以删除检测到的区域中可能的旋转。因为 RotatedRect 可以返回旋转 90 度的区域，所以要注意宽高比。必须检查矩形的宽高比，如果它小于 1，需要将它旋转 90 度：

```
//Get rotation matrix
float r= (float)minRect.size.width / (float)minRect.size.height;
float angle=minRect.angle;
if(r<1)
    angle=90+angle;
Mat rotmat= getRotationMatrix2D(minRect.center, angle,1);
```

利用变换矩阵，再通过仿射变换（仿射变换保留平行线）使用 warpAffine 函数来旋转输入图像，我们设置输入图像和输出图像、变换矩阵、输出图像大小（在我们的例子中与输入相同），以及使用的插值方法。如果必要，可定义边界方法和边界值：

```
//Create and rotate image
Mat img_rotated;
warpAffine(input, img_rotated, rotmat, input.size(),
CV_INTER_CUBIC);
```

在旋转图像之后，可用 getRectSubPix 裁剪图像，该方法裁剪并复制以给定点为中心的某宽度和高度的部分图像。如果图像被旋转了，则需使用 C++ swap 函数交互宽度和高度：

```
//Crop image
Size rect_size=minRect.size;
if(r < 1)
```

```
    swap(rect_size.width, rect_size.height);
Mat img_crop;
getRectSubPix(img_rotated, rect_size, minRect.center, img_crop);
```

裁剪的图像不适合用于训练和分类，因为它们的大小不同。此外，每幅图像光照条件都可能不同，这突显了它们之间的差异。为了解决这一问题，我们将所有图像缩放到相同的尺寸，并用光照直方图均衡来调整所有图像：

```
Mat resultResized;
resultResized.create(33,144, CV_8UC3);
resize(img_crop, resultResized, resultResized.size(), 0, 0, INTER_CUBIC);
//Equalize croped image
Mat grayResult;
cvtColor(resultResized, grayResult, CV_BGR2GRAY);
blur(grayResult, grayResult, Size(3,3));
equalizeHist(grayResult, grayResult);
```

我们将裁剪后的检测图像及其位置存储在一个向量中：

```
output.push_back(Plate(grayResult,minRect.boundingRect()));
```

既然已经有了可能检测到车牌的区域，那么就可以通过分类来确定：每个可能的区域是否是一个车牌。在下一节中，将学习如何基于 SVM 来分类。

4.3.2 分类

在检测出有可能存在车牌的区域之后，需要进一步确定每个区域是否是一个车牌。为此，我们将使用 SVM 分类算法。

SVM 是一种模式识别算法，它是监督学习算法家族的一员，最初是为二分类问题而创建。监督学习是一种利用标记数据进行训练的机器学习算法技术。我们需要用大量带有标记的数据来训练算法，每个数据集都需要一个类。

SVM 创建一个或多个超平面，用于区分每一类数据。

举一个典型的例子，针对一个只定义了两个类的 2D 点集，使用 SVM 搜索区分每个类的最优值：

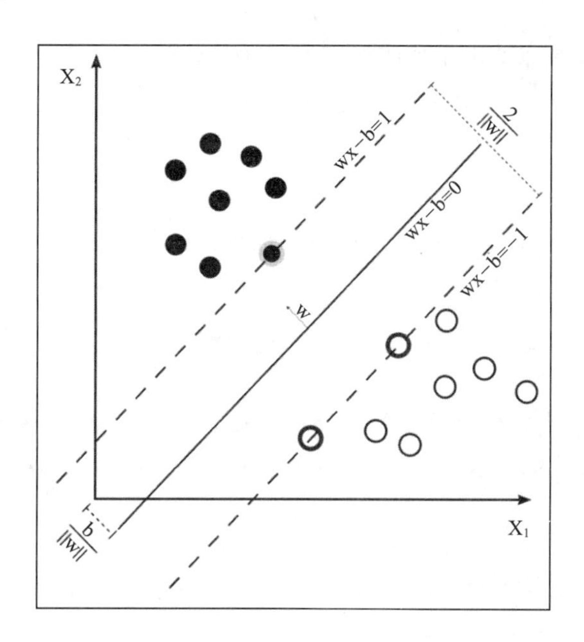

分类之前的首要任务是训练分类器，这是在主程序之前要完成的工作，称为“离线训练”。这一项工作相当棘手，因为它需要足够的数据来训练系统，但数据集大并不等于结果最好。在本例中，由于没有公开的车牌数据库，我们没有足够的数据。因此，我们需要拍摄数百张汽车照片，然后对它们进行预处理和分割。

我们用 75 张车牌图像和 35 张不是车牌但大小同样为 144 × 33 像素的图像来训练系统。可以在下图看到此数据的示例图像。这并不是一个大型的数据集，但足以为本章获得不错的结果。在实际的工程中，我们需要训练更多数据。

为了便于理解机器学习的工作原理，我们将继续使用图像像素特征来训练分类器算法（请注意，还有更好的方法和特征来训练 SVM，例如主成分分析（PCA）、傅里叶变换和纹理分析）。

需要用 DetectRegions 类来创建用于训练的图像系统，并将 SavingRegions 变量设置为 true 以保存图像。用脚本文件 segmentAllFiles.sh 对文件夹中的所有图像文件重复处理，该文件可以从本书的源代码中获取。

我们将准备的所有图像训练数据存储为 XML 文件，以便直接与 SVM 函数一起使用。trainSVM.cpp 通过指定的文件夹和图像文件编号来创建 XML 文件。

OpenCV 机器学习算法的训练数据存储在 $N \times M$ 矩阵中，具有 N 个样本和 M 个特征。每个样本为训练矩阵中的一行。

另一个具有 n×1 大小的矩阵中存储类别信息，每个类别用一个 float 数表示。

OpenCV 可以通过 FileStorage 类轻松管理 XML 或 YAML 格式的数据文件。该类可以存储和读取 OpenCV 的变量、结构或自定义变量。使用此函数，能够读取训练数据矩阵和类标签，并将这些信息保存在 SVM_TrainingData 和 SVM_Classes 中：

```
FileStorage fs;
fs.open("SVM.xml", FileStorage::READ);
Mat SVM_TrainingData;
Mat SVM_Classes;
fs["TrainingData"] >>SVM_TrainingData;
fs["classes"] >>SVM_Classes;
```

现在，我们在 SVM_TrainingData 变量中存储了训练数据，在 SVM_Classes 中存储了标签。接着，只需创建训练数据对象，连接数据和标签，就可以在机器学习算法中使用了。为此，我们将使用 TrainData 类作为 OpenCV 指针 Ptr 的模板类，如下所示：

```
Ptr<TrainData> trainData = TrainData::create(SVM_TrainingData, ROW_SAMPLE,
SVM_Classes);
```

我们将使用 Ptr 的 SVM 类，或者使用 OpenCV 4 中的 std：：shared_ptr OpenCV 类来创建分类器对象：

```
Ptr<SVM> svmClassifier = SVM::create()
```

现在，我们需要设置 SVM 参数，这些参数是 SVM 算法中的基本参数。因此需对一些对象变量进行更改。经过多次实验，我们选择了下列参数设置：

```
svmClassifier->setTermCriteria(TermCriteria(TermCriteria::MAX_ITER, 1000,
0.01));
svmClassifier->setC(0.1);
svmClassifier->setKernel(SVM::LINEAR);
```

选择 1000 次迭代训练，c 参数变量优化为 0.1，最后设置核函数。

只需使用训练函数和训练数据来训练分类器：

```
svmClassifier->train(trainData);
```

在训练好分类器后，可用 SVM 类的预测函数来预测裁剪后的图像，这个函数返回类标识符 i。在我们的例子中，将用 1 标记有车牌类，用 0 标记无车牌类。然后，对于每个检测到的区域，使用 SVM 将其分类为有车牌或无车牌，如果是车牌就保存。以下代码是主程序的一部分，也称为"在线处理"：

```
vector<Plate> plates;
for(int i=0; i< posible_regions.size(); i++)
{
    Mat img=posible_regions[i].plateImg;
    Mat p= img.reshape(1, 1);//convert img to 1 row m features
    p.convertTo(p, CV_32FC1);
    int response = (int)svmClassifier.predict( p );
    if(response==1)
        plates.push_back(posible_regions[i]);
}
```

4.4　车牌识别

ANPR 的第二步旨在通过 OCR 识别出车牌上的字符。对于每个检测到的车牌，对每个字符进行分割，并使用人工神经网络机器学习算法来识别字符。此外，在本节中，你将学习如何评估分类算法。

4.4.1　OCR分割

首先，对获取的车牌图像用直方图均衡进行处理，将其作为OCR函数的输入。然后，应用阈值滤波器对图像进行处理，并将处理后的图像作为**查找轮廓**算法的输入。下图展示了这个过程：

此分割过程代码如下：

```
Mat img_threshold;
threshold(input, img_threshold, 60, 255, CV_THRESH_BINARY_INV);
if(DEBUG)
    imshow("Threshold plate", img_threshold);
    Mat img_contours;
    img_threshold.copyTo(img_contours);
    //Find contours of possibles characters
    vector< vector< Point>> contours;
    findContours(img_contours, contours, // a vector of contours
        CV_RETR_EXTERNAL, // retrieve the external contours
        CV_CHAIN_APPROX_NONE); // all pixels of each contours
```

我们使用CV_THRESH_BINARY_INV参数，通过将白色变为黑色、黑色输入变为白色来反色输出。这是获取每个字符的轮廓所必需的，因为轮廓算法搜索白色像素。

接下来，对每个检测到的轮廓，进行尺寸验证，删除尺寸较小或宽高比不正确的所有区域。在本项目中，字符具有45/77的宽高比，对于旋转或扭曲的字符，我们可以接受宽高比有35%的误差。如果一个区域（宽高比）高于80%，则认为该区域是黑色块而不是字符。为了计算这种区域，我们可以使用countNonZero函数，该函数计算像素值大于零的像素个数：

```
bool OCR::verifySizes(Mat r){
    //Char sizes 45x77
    float aspect=45.0f/77.0f;
    float charAspect= (float)r.cols/(float)r.rows;
    float error=0.35;
    float minHeight=15;
    float maxHeight=28;
    //We have a different aspect ratio for number 1, and it can be ~0.2
    float minAspect=0.2;
    float maxAspect=aspect+aspect*error;
    //area of pixels
    float area=countNonZero(r);
    //bb area
    float bbArea=r.cols*r.rows;
    //% of pixel in area
    float percPixels=area/bbArea;
    if(percPixels < 0.8 && charAspect > minAspect && charAspect <
    maxAspect && r.rows >= minHeight && r.rows < maxHeight)
        return true;
    else
        return false;
}
```

如果一个分割的区域是字符，则必须对其进行预处理，以便为所有字符设置相同的大小和位置，并用辅助类CharSegment将其保存在向量中。该类保存分割后的字符图像和字符调整前的位置，因为查找轮廓算法返回轮廓顺序可能是乱序的。

4.4.2　基于卷积神经网络的字符分类

在开始使用深度学习和卷积神经网络之前，我们将介绍相关主题以及创建DNN的工具。

深度学习是机器学习家族的一部分，可以进行监督学习、半监督学习或无监督学习。DNN在科学界并不是一个新的概念。该术语于1986年由Rina Dechter引入机器学习社区，并由 Igor Aizenberg 在 2000 年引入人工神经网络。但该领域的研究始于 1980 年年初，当时像新认知机这样的研究是卷积神经网络的灵感来源。

深度学习在 2009 年之后才开始它的革命。2009 年，除了新的研究算法之外，硬件方面的进步重新激发了人们进行深度学习的兴趣。以前可能需要几天或几个月的训练算法，现在使用 NVidia GPU 将大大加快，速度可提高 100 倍以上。

卷积神经网络（ConvNet，也称 CNN）是一种基于前馈网络的深度学习算法，主要应用于计算机视觉领域。CNN 采用多层感知器的变种设计，使我们能够自动提取位移不变特征。与传统的手动处理相比，CNN 使用的预处理相对较少。与其他机器学习算法相比，特征提取是一个主要的优势。

卷积神经网络像经典的人工神经网络一样，由多个隐藏层和输入 / 输出层组成，不同的是输入的通常是图像的原始像素，隐藏层由卷积层和池化层组成，彼此完全连接或归一化处理。

现在，我们将简要解释卷积神经网络中最常用的层：

- **卷积层**：此层将卷积运算滤波器应用于输入端，将结果传递给下一层。该层的工作方式类似于典型的计算机视觉滤波器（sobel，canny 等），但卷积核滤波器是在训练阶段学习的。使用这一层的主要好处是减少常见的全连接的前馈神经网络，例如，一幅 100 × 100 的图像有 10 000 个权重，但是，使用 CNN，这个问题被缩小到卷积核大小。例如，应用 5 × 5 的卷积核和 32 个不同滤波器，只有 5 × 5 × 32 = 800 个权重。同时，滤波器也使得特征提取的可能性大大增加。
- **池化层**：此层将一组神经元的输出合并为一个。最常见的是最大池化，它返回输入神经元组的最大值。 深度学习中另一种常用的方法是平均池化。该层为 CNN 提供了在接下来的层中提取更高层次特征的可能。
- **扁平层**：扁平层不是 DNN 层，而是将矩阵转换为简单向量的常用操作，需要此步骤才能应用其他图层，最后获得分类。
- **全连接层**：这与传统的多层感知机相同，其中前一层中的每个神经元都通过激活函数连接到下一层。

- Dropout：一种用于减少过拟合的正则化方法，它是提高模型精度的常用操作。
- **损失层**：这通常是 DNN 中的最后一层，它指定如何训练和计算误差以实现预测。一个非常常见的损失层是用于分类的 Softmax。

OpenCV 深度学习不是为训练深度学习模型而设计的，并且它也不支持训练。有其他的专注于深度学习且非常稳定和强大的开源项目，例如 TensorFlow、Caffe 和 Torch。不过，OpenCV 有一个接口来导入和读取最重要的模型。

接下来，我们将在 TensorFlow 上开发用于 OCR 分类的 CNN。TensorFlow 是最常用和最受欢迎的深入学习软件库之一，最初是由 Google 的研究人员和工程师开发的。

基于 TensorFlow 的卷积神经网络的建立与训练

本节将探讨如何训练一个新的 TensorFlow 模型，但是在开始创建模型之前，必须先检查图像数据集并生成用于训练模型的资源。

准备数据

有 30 个字符和数字分布在数据集中的 702 幅图像上。我们可以看到：有数字的图像超过 30 张，但是某些字母（如 K、M 和 P）的图像样本较少，如下图所示。

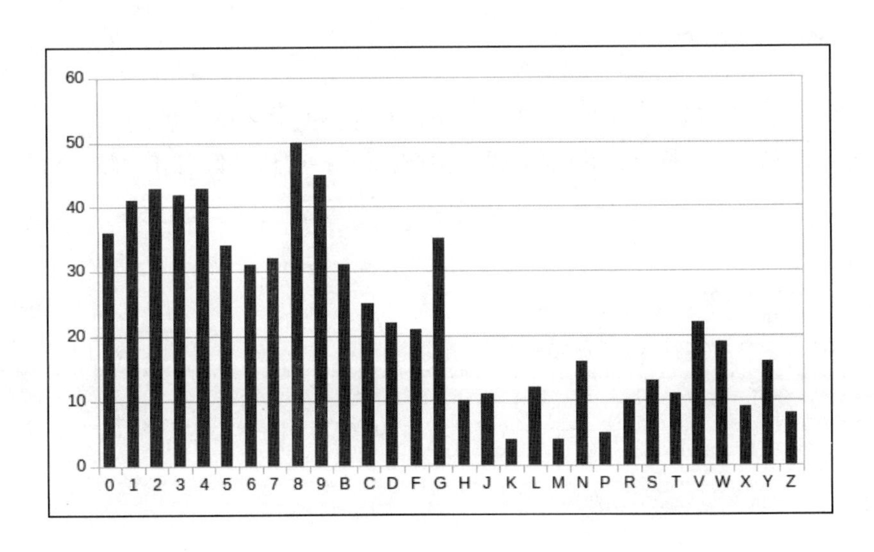

在下图中，我们可以看到来自数据集的一小部分图像：

这个数据集对于深度学习来说非常小。深度学习需要大量的样本，这是一种常见的技术需求。很多时候，需要对原始数据集使用数据集增强。数据集增强是一种通过应用不同的变换（例如旋转、翻转图像、透视变换和添加噪声）来创建新样本的方法。

有多种方法可以增强数据集：可以创建自己的脚本或使用开源库来完成此任务。我们将使用 Augmentor 工具（https://github.com/mdbloice/Augmentor）。Augmentor 是一个 Python 库，它允许通过应用我们想要的变换来增加需要的样本数量。

通过 `pip` 安装 Augmentor，执行以下命令：

```
pip install Augmentor
```

安装库之后，创建一个小的 Python 脚本，它可以通过更改变量 `number_samples` 的值来生成并增加样本数量，并应用变换（随机扭曲，剪切、偏斜和旋转扭曲），如以下 Python 脚本所示：

```
import Augmentor
number_samples = 20000
p = Augmentor.Pipeline("./chars_seg/chars/")
p.random_distortion(probability=0.4, grid_width=4, grid_height=4,
magnitude=1)
p.shear(probability=0.5, max_shear_left=5, max_shear_right=5)
p.skew_tilt(probability=0.8, magnitude=0.1)
p.rotate(probability=0.7, max_left_rotation=5, max_right_rotation=5)
p.sample(number_samples)
```

此脚本将生成一个输出文件夹，存储所有产生的图像，并保持在原路径下。我们需要生成两个数据集，一个用于训练，另一个用于测试我们的算法。然后，通过更改 number_samples 生成 20 000 个用于训练的图像和 2000 个用于测试的图像。

有了足够的图像，要将它们输入到 TensorFlow 算法中，TensorFlow 允许多种输入数据格式，例如带有图像和标签的 CSV 文件、Numpy 数据文件和推荐的 TFRecordDataset。

最好使用 TFRecordDataset，而不是带图像引用信息的 CSV 文件，要获取更多相关原因，请访问 http://blog.damiles.com/2018/06/18/tensorflowt-frecodataset.html。

在生成 TFRecordDataset 之前，需要安装 TensorFlow 软件，使用 pip 命令为 CPU 安装它：

```
pip install tensorflow
```

或者，如果你有支持 Cuda 的 NVIDIA 显卡，则可使用 GPU 发行版：

```
pip install tensorflow-gpu
```

现在，使用提供的脚本 create_tfrecords_from_dir.py 创建数据集文件来训练我们的模型，它需要输入两个参数：图像所在的输入文件夹和输出文件。我们必须将此脚本调用两次，一次用于训练，另一次用于测试，以分别生成两批文件。在下一个代码段中可看到该调用的示例：

```
python ./create_tfrecords_from_dir.py -i ../data/chars_seg/DNN_data/test -o
../data/chars_seg/DNN_data/test.tfrecords
python ./create_tfrecords_from_dir.py -i ../data/chars_seg/DNN_data/train -
o ../data/chars_seg/DNN_data/train.tfrecords
```

该脚本生成 test.tfrecords 和 train.tfrecords 文件，它们的标签是自动分配的编号，并按文件夹名称排序。train 文件夹必须具有以下结构：

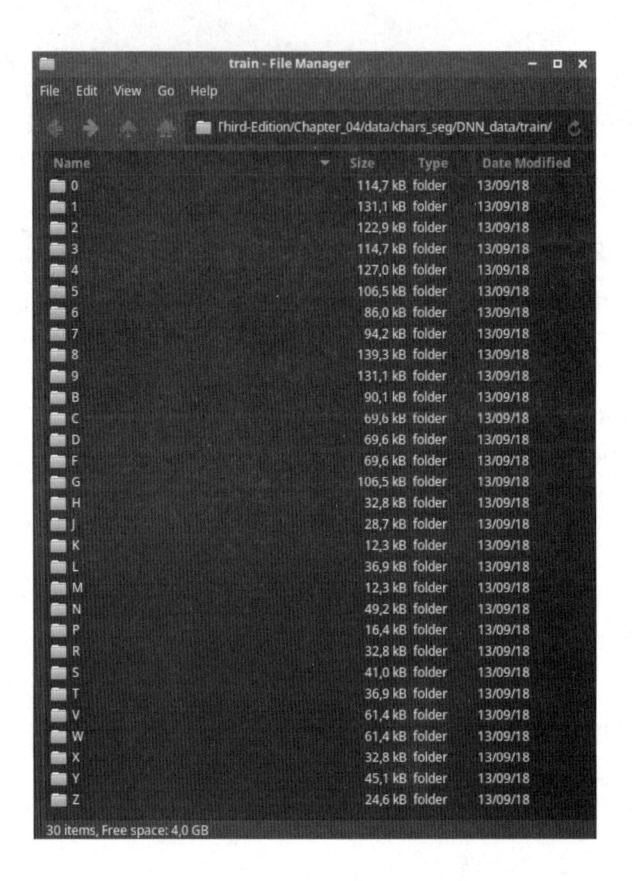

现在，有了数据集，我们准备创建模型，开始训练和评估。

创建 TensorFlow 模型

TensorFlow 是一个开源软件库，专注于高性能的数值计算和深度学习，可访问和支持 CPU、GPU 和 TPU（TensorProcess Unit，专门用于深入学习的新 Google 硬件）。这是一个复杂的库，具有很高的学习曲线，但是引入 Keras（TensorFlow 上的一个库）作为 TensorFlow 的一部分使学习曲线变得更容易，但仍然需要一个巨大的学习曲线。

在本章中，我们无法解释如何使用 TensorFlow，因为那需要一整本书的内容来单独讨论这个主题，但我们会解释要使用的 CNN 结构。我们将展示如何使用名为 TensorEditor 的在线可视化工具在几分钟内生成 TensorFlow 代码，下载该代码在本机上进行训练，如果你的计算机处理能力不够的话，也可以使用相同的在线工具来训练模型。

如果你想阅读和学习 TensorFlow，建议阅读 Packt Publishing 出版的任何相关的书籍或 TensorFlow 教程。

我们将要创建的 CNN 层结构是一个简单的卷积网络：

- Convolutional Layer 1（卷积层 1）：32 个 5×5 滤波器，具有 ReLU 激活函数
- Pooling Layer 2（池化层 2）：步长为 2 的 2×2 滤波器的最大池化层
- Convolutional Layer 3（卷积层 3）：64 个 5×5 滤波器，具有 ReLU 激活函数
- Pooling Layer 4（池化层 4）：步长为 2 的 2×2 滤波器的最大池化层
- Dense Layer 5（密集层 5）：1024 个神经元
- Dropout Layer 6（Dropout 层 6）：比例为 0.4 的 Dropout 正则化处理
- Dense Layer 7（密集层 7）：30 个神经元，每个数字和字符对应一个神经元
- SoftMax Layer 8（Softmax 层 8）：具有梯度下降优化器的 Softmax 损失函数，学习率为 0.001，20000 个训练步骤

可以在下图中看到生成的模型的基本图：

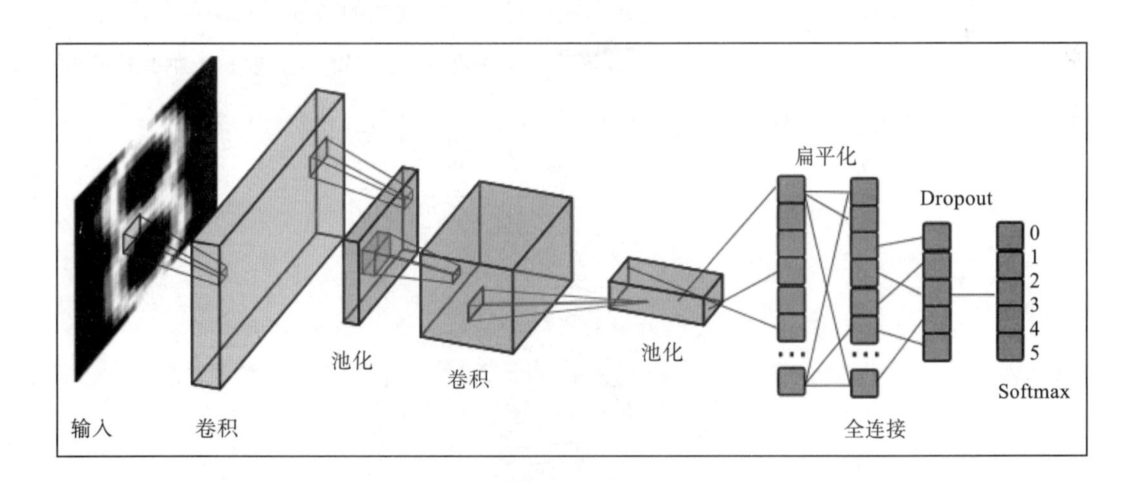

TensorEditor 是一个在线工具，它允许我们为 TensorFlow 创建模型并在云端训练，或者下载 Python 2.7 代码在本地执行。注册在线免费工具后，我们可以生成模型，如下图所示：

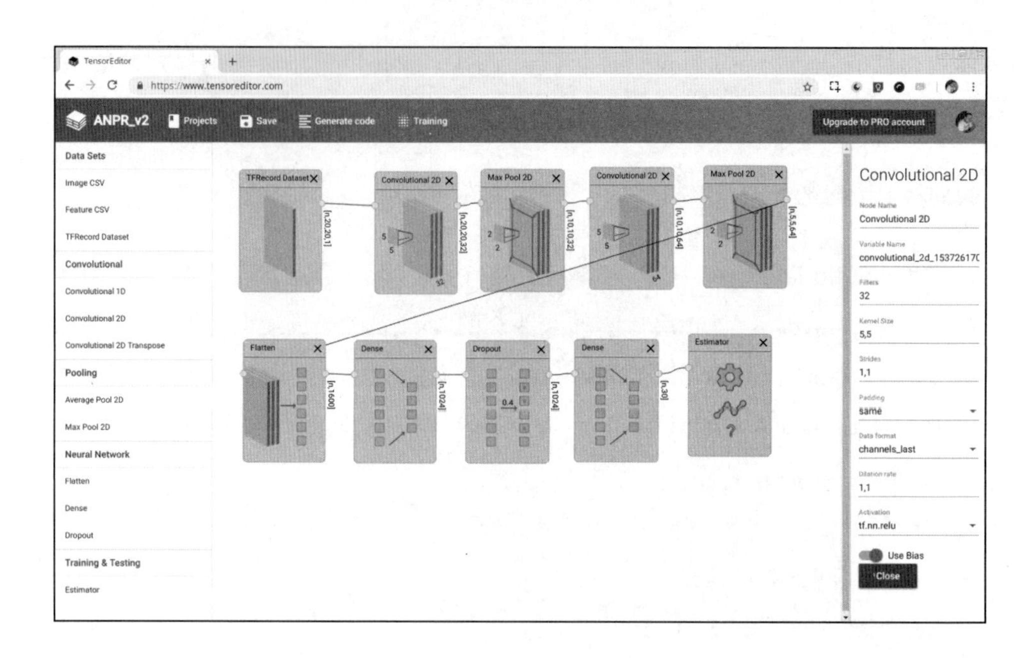

要添加图层，我们通过单击左侧菜单来选择它，编辑器上就会出现一个新层。我们可以通过拖放来改变它的位置，双击来更改它的参数。点击每个节点的小圆点，可以链接到每个节点 / 图层。这个编辑器同时还向我们展示了所选层的参数和每层的输出大小；从下图中可以看出，卷积核为 5 × 5 × 32，输出为 n × 20 × 20 × 32 ；变量 n 表示我们在每个训练时期同时可以计算的一个或多个图像数：

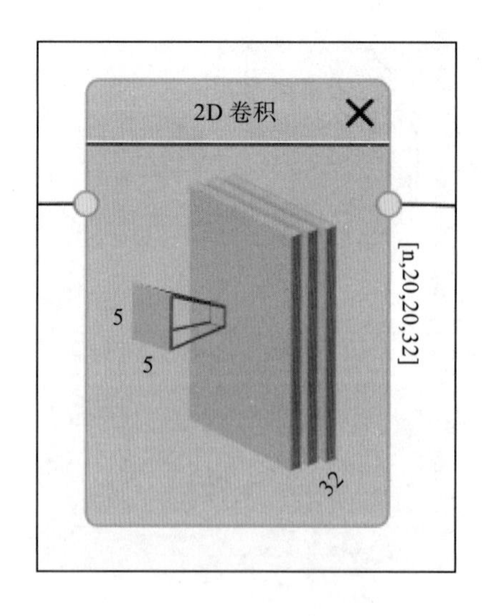

在 TensorEditor 中创建 CNN 层结构之后，现在可以通过点击 Generate code 和下载 Python 代码来下载 TensorFlow 代码，如下图所示：

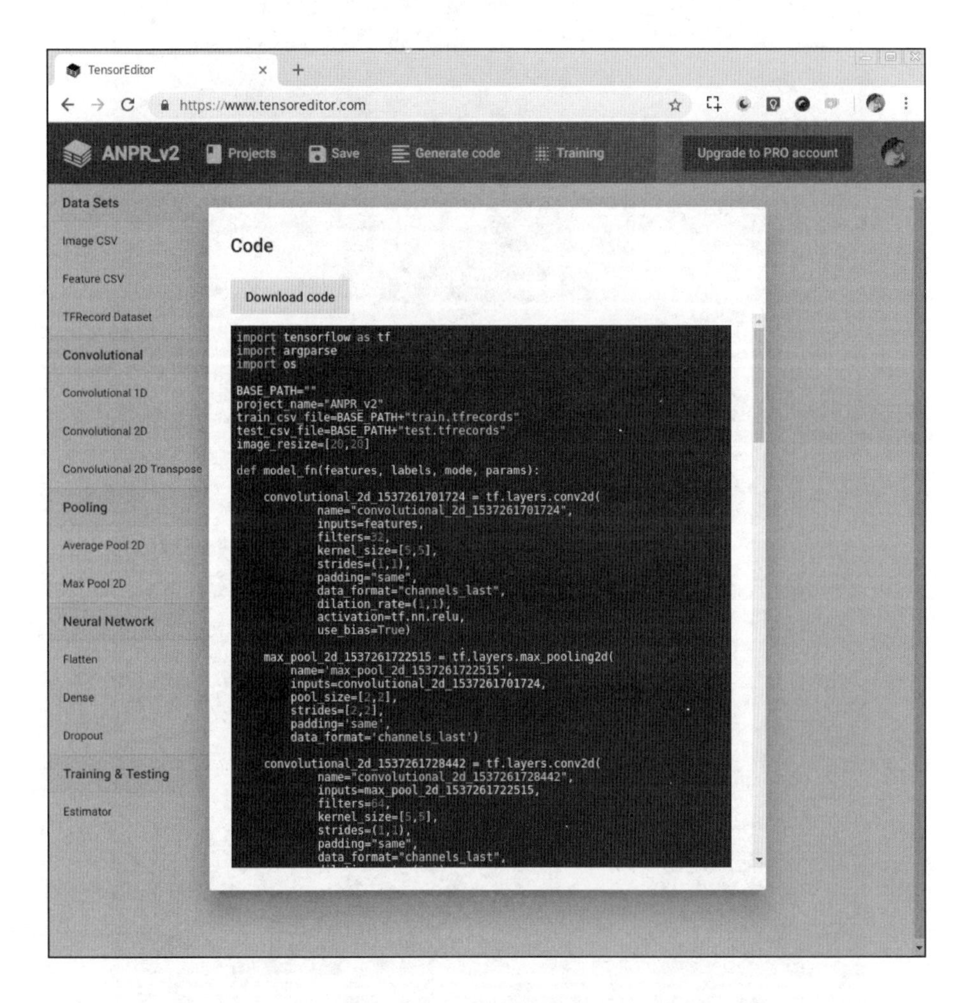

现在，我们可以使用 TensorFlow 来开始训练算法，使用以下命令行：

```
python code.py --job-dir=./model_output
```

在这里，`--job-dir` 参数定义了存储训练输出模型的输出文件夹。在终端窗口里，可以看到每次迭代的输出，以及损失值和精度值。我们可以在下面的截图中看到一个示例：

算法训练命令的输出

可以使用 TensorBoard，这是一个 TensorFlow 工具，它提供训练的信息和图表。要激活 TensorBoard，请使用以下命令：

```
tensorboard --logdir ./model_output
```

在这里，必须设定 `--logdir` 参数，我们在其中保存模型和检查点（checkpoint）。启动 TensorBoard 后，可以通过 URL（http://localhost:6006）访问它。这个优秀的工具向我们展示了由 TensorFlow 生成的图表，通过单击每个节点，我们可以探索其中的每步操作和变量，如下面的截图所示：

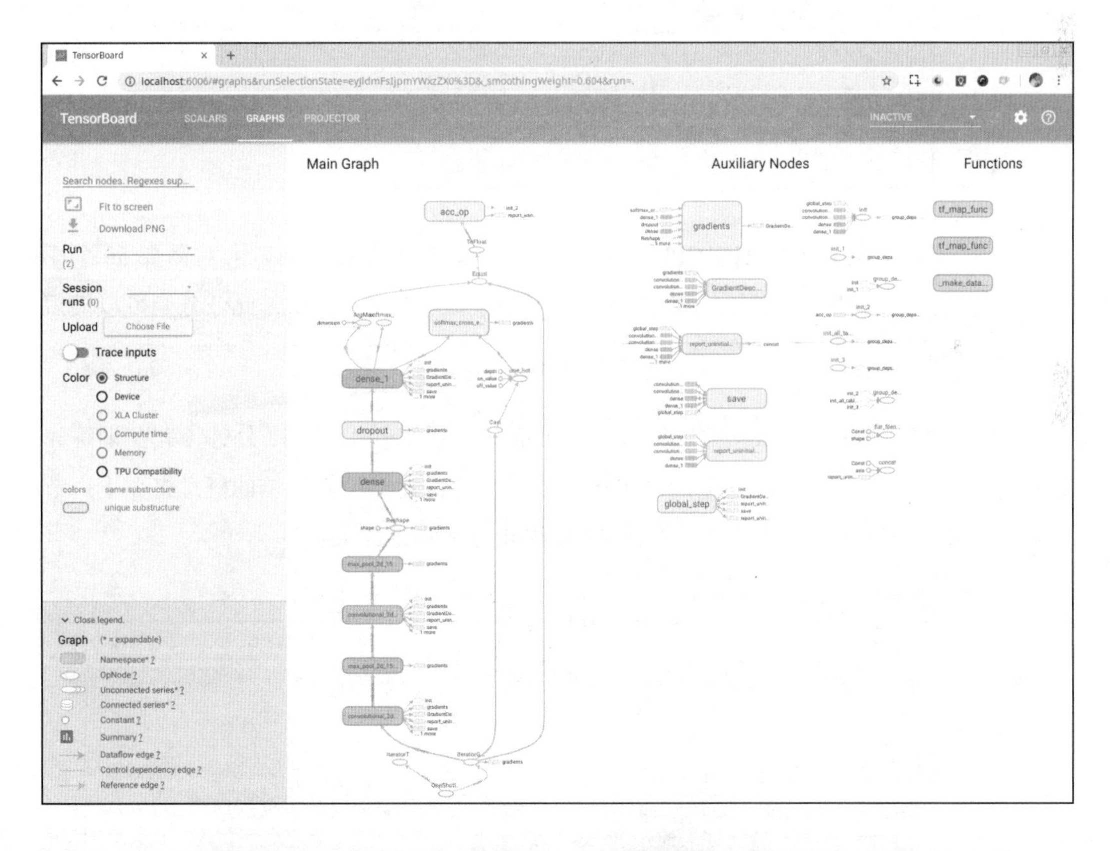

又或，我们可以查看得到的结果，例如，在每个周期（epoch）中的损失值或精度指标。每个周期使用训练模型获得的结果如以下截图所示：

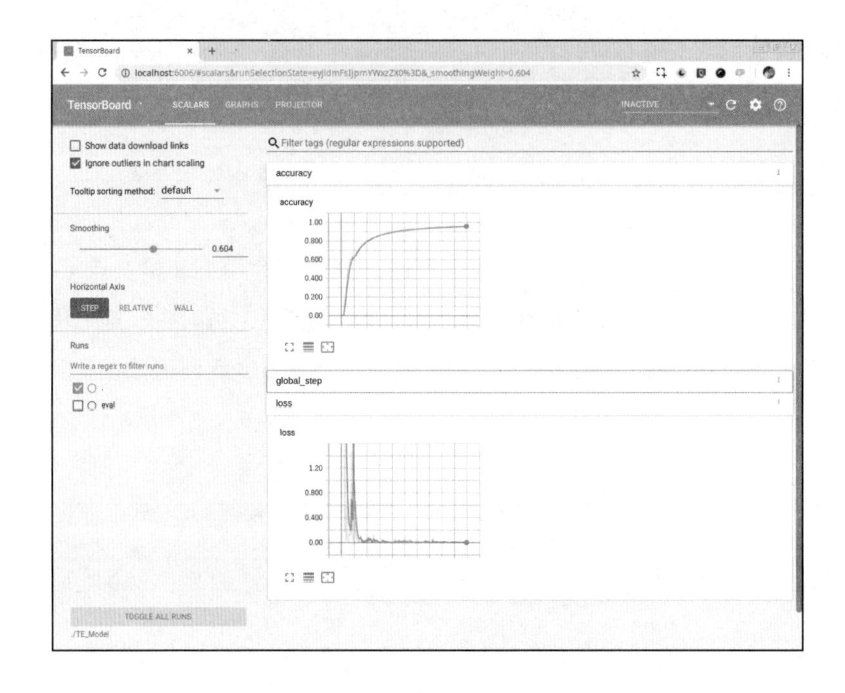

在 8GB 内存的 i7 6700HQ CPU 上进行训练需要消耗很长时间，大约需要 50 个小时；训练时间超过两天。如果你使用的是一个入门型 NVIDIA GPU，此任务则可以缩短至 2 ～ 3 小时。

如果你想在 TensorEditor 中进行训练，可能只需要消耗 10 ～ 15 分钟，并在训练完模型后下载模型，可以下载完整的输出模型或冻结的优化模型。冻结的概念将在下一节中介绍。我们可以在下一张截图中看到 TensorEditor 的训练结果：

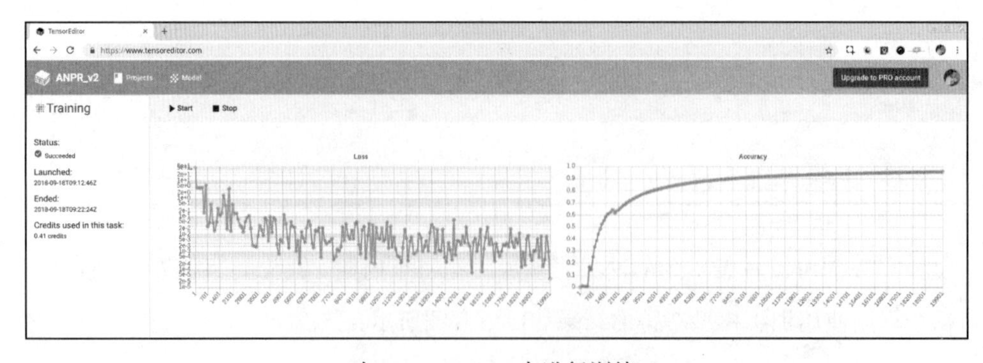

在 TensorEditor 中进行训练

通过分析得到的结果，我们获得了大约 96% 的精度，比本书第 2 版中使用特征提取和简单的人工神经网络的旧算法得到的仅为 92% 的精度要好得多。

完成训练后，所有模型和变量都存储在启动 TensorFlow 脚本时定义的工作文件夹中。现在，我们准备将最终的结果导入 OpenCV 中。

为 OpenCV 准备模型

TensorFlow 在我们训练新模型时生成了多个文件，它们存储了精度和损失，以及在每个迭代步骤中获得的其他指标；此外，一些文件还存储每个步骤或检查点获得的变量数据。这些变量就是网络在训练中学习的权重。但是与生产环境共享所有这些文件并不合适，因为 OpenCV 无法管理它们。同时，有些节点只用于训练，不用于推理。我们必须从模型中删除这些节点（比如 dropout 层或训练输入迭代器）。

为了将我们的模型嵌入产品，我们需要做以下工作：

- 冻结我们的图
- 删除不需要的节点 / 层
- 优化推理

冻结（freezing）操作会根据图形定义将一组检查点合并为一个文件，并将变量转换为常量。要冻结模型，我们必须进入保存模型的文件夹中，并执行 TensorFlow 提供的以下脚本：

```
freeze_graph --input_graph=graph.pbtxt --input_checkpoint=model.ckpt-20000
--output_graph frozen_graph.pb --output_node_names=softmax_tensor
```

现在，生成了一个名为 `frozen_graph.pb` 的新文件，也就是合并的冻结图，我们必须删除用于训练的输入层。如果使用 TensorBoard 来查看这个图，可以看到第一个卷积神经网络的输入是 `IteratorGetNext` 节点，将其剪切并设置为一个通道为 20 × 20 像素图像的单层输入。然后，我们使用 TensorFlow `transform_graph` 应用程序，它允许我们更改图、切割或修改 TensorFlow 模型图。要删除与 ConvNet 连接的层，可执行如下代码：

```
transform_graph --in_graph="frozen_graph.pb" --
out_graph="frozen_cut_graph.pb" --inputs="IteratorGetNext" --
outputs="softmax_tensor" --transforms='strip_unused_nodes(type=half,
shape="1,20,20,1") fold_constants(ignore_errors=true) fold_batch_norms
fold_old_batch_norms sort_by_execution_order'
```

TIP 添加 `sort_by_execution_order` 参数非常重要，它确保各层按顺序存储在模型图中，从而保证了 OpenCV 正确导入模型。OpenCV 从模型中依次导入图层，检查所有之前的图层、操作或变量是否已导入；如果没有，我们将收到一个导入错误提示。TensorEditor 不负责构造和执行图中的执行顺序。

在执行 `transform_graph` 之后，我们将新模型另存为 `frozen_cut_graph.pb`。最后一步是优化图形，删除所有的训练操作和比如 dropout 这样的层。我们将使用下面的命令来优化我们的生产 / 推理模型，此应用程序由 TensorFlow 提供：

```
optimize_for_inference.py --input frozen_cut_graph.pb --output
frozen_cut_graph_opt.pb --frozen_graph True --input_names IteratorGetNext -
-output_names softmax_tensor
```

它的输出是一个名为 `frozen_cut_graph_opt.pb` 的文件。这个文件是我们的最终模型，可以在 OpenCV 代码中导入和使用它。

在 OpenCV　C++ 代码中导入和使用模型

将深度学习模型导入 OpenCV 非常简单，我们可以导入来自 TensorFlow、Caffe、Torch 和 Darknet 的模型。所有导入都非常类似，但在本章中，我们将学习如何导入 TensorFlow 模型。

要导入 TensorFlow 模型，可以使用 `readNetFromTensorflow` 方法，它需要两个参数：第一个参数是 protobuf 格式的模型，第二个参数是 protobuf 格式的文本的定义。第二个参数不是必需的，但是在我们的例子中，必须准备我们的模型来进行推理，还必须优化它来导入 OpenCV。那么，可以用以下代码导入模型：

```
dnn::Net dnn_net= readNetFromTensorflow("frozen_cut_graph_opt.pb");
```

为了对每个检测到的车牌分割块进行分类，必须将每个图像块放入 dnn_net 网络中，生成概率。以下是分类每个分割块的完整代码：

```
for(auto& segment : segments){
    //Preprocess each char for all images have same sizes
    Mat ch=preprocessChar(segment.img);
    // DNN classify
    Mat inputBlob;
    blobFromImage(ch, inputBlob, 1.0f, Size(20, 20), Scalar(), true,
false);
    dnn_net.setInput(inputBlob);

    Mat outs;
    dnn_net.forward(outs);
    cout << outs << endl;
    double max;
    Point pos;
    minMaxLoc( outs, NULL, &max, NULL, &pos);
    cout << "---->" << pos << " prob: " << max << " " <<
strCharacters[pos.x] << endl;
    input->chars.push_back(strCharacters[pos.x]);
    input->charsPos.push_back(segment.pos);
}
```

我们将进一步解释这段代码。首先，必须对每个块进行预处理，以获得相同大小的 20 × 20 像素的图像。此预处理图像必须转换为 blob 结构，并保存在 Mat 结构中。要将其转换为 blob 结构，我们将使用 blobFromImage 函数，该函数创建具有可选大小、比例、裁剪或是否交换蓝色和红色通道[⊖]的四维数据。函数参数如下：

```
void cv::dnn::blobFromImage (
    InputArray image,
    OutputArray blob,
    double scalefactor = 1.0,
    const Size & size = Size(),
    const Scalar & mean = Scalar(),
    bool swapRB = false,
    bool crop = false,
    int ddepth = CV_32F
)
```

⊖ 由于历史原因，OpenCV 使用 BGR 而不是 RGB 表示图像，因而可能需要交换 BR 两个通道。——译者注它们的定义如下：

- `image`：输入图像（带有一个、三个或四个通道）。
- `blob`：输出 blob mat。
- `size`：输出图像的空间大小。
- `mean`：从通道中减去平均值标量，如果图像具有 BGR 顺序且 `swapRB` 为真，则值的顺序为（mean-R、mean-G、mean-B）。
- `scalefactor`：图像值的乘数
- `swapRB`：交换标志，表示是否交换图像第 1 个通道和最后一个通道的顺序。
- `crop`：裁剪标志，表示图像在调整大小后是否裁剪。
- `ddepth`：输出 blob 的深度。选择 `CV_32F` 或 `CV_8U`。

生成好的 blob 可以使用 `dnn_net.setInput(inputBlob)` 输入到我们的 DNN 中。

一旦为网络设置了输入 blob，只需要将输入向前传递就能生成结果。这就是 `dnn_net.forward(outs)` 函数的目的，它返回带有 softmax 预测结果的 `Mat` 标签列。为了得到概率最高的标签，只需要得到 `Mat` 中的最大值的位置。可以使用 `minMaxLoc` 函数来检索标签值，如果你愿意，也可以直接使用概率值。

最后，要关闭 ANPR 应用程序，只需要在输入的车牌数据中保存分割位置和得到的标签。

如果执行该应用，将得到如下结果：

4.5 小结

在本章中，学习了车牌号码自动识别程序的工作原理及其两个重要步骤：车牌定位和车牌识别。

在第一步中，学习了如何通过寻找可能有车牌的图像块来分割图像，并使用简单的启发式算法和 SVM 算法对有车牌或无车牌的图像块进行二分类。

在第二步中，学习了如何使用查找轮廓算法进行分割，使用 TensorFlow 创建一个深度学习模型，将其训练并导入 OpenCV。还学习了如何使用数据增强技术增加数据集中的样本数量。

在下一章中，你将学习如何使用特征脸和深度学习创建人脸识别应用程序。

CHAPTER 5

第 5 章

通过 DNN 模块进行人脸检测和识别

我们将在本章学习人脸检测和识别的主要技术。人脸检测是在整个图像中定位人脸的过程。在本章中，我们将介绍在图像中检测人脸的不同技术，了解从具有 Haar 特征的级联分类器的经典算法到使用深度学习的新技术。人脸识别是识别图像中出现的人脸的过程。本章将介绍以下主题：

- 不同的人脸检测方法
- 人脸预处理
- 用采集到的人脸数据集来训练机器学习算法
- 人脸识别
- 收尾工作

5.1 介绍人脸检测和人脸识别

人脸识别是给一张已知的人脸贴上标签的过程。正如人类通过看脸来识别他们的家人、朋友和名人一样，也有很多技术能让计算机识别人脸。

人脸识别通常包括四个主要步骤：

1. **人脸检测**：这个过程是定位一幅图像中的人脸区域（下图中靠近中心的大矩形）。这一步不关心这个人到底是谁，只需要确定这是一张脸即可。

2. **人脸预处理**：这是调整人脸图像，使其看起来更清晰且类似其他人脸的过程（下图顶部中心的灰色小脸就是预处理的结果）。

3. **收集和学习人脸**：这一步会将预处理过的许多人脸（对于每个应该被识别的人）保存起来，然后学习如何识别它们。

4. **人脸识别**：在收集到的人脸库中搜索哪些人脸与相机中的人脸最相似的过程（下图右上角的小矩形）。

> 请注意，通常人们所说的**人脸识别**指的是找到面部的位置（即，如步骤 1 所述的人脸检测）。但本书将使用步骤 4 的人脸识别的正式定义，以及步骤 1 的人脸检测的定义。

本章的最终项目名为 `WebcamFaceRec`，它的右上角有一个小矩形，突出显示了被识别的人。此外，请注意预处理后的人脸旁边的置信度栏（标记人脸的矩形顶部中心的一个小脸），本例显示大约有 70% 的置信度，即它已识别出的人的正确程度：

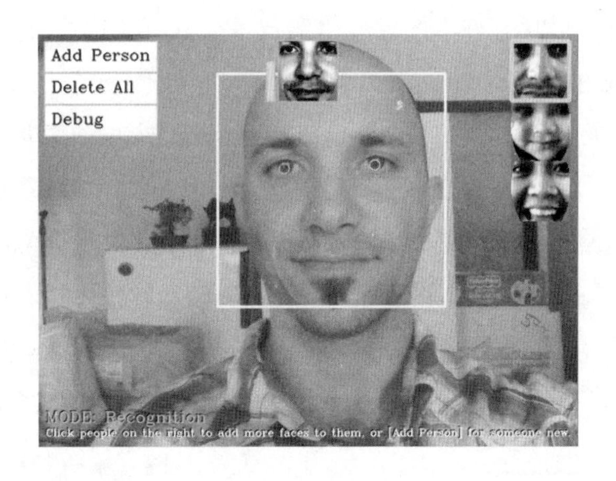

在现实生活中，目前的人脸检测技术已经相当可靠，而当前的人脸识别技术的可靠性则要低得多。例如，很容易找到表明人脸识别准确率在 95% 以上的研究论文，但是当你自己来测试这些算法时，则可能会发现正确率低于 50%。这是因为当前的面部识别技术对图像的照明类型、灯光和阴影的方向、面部的朝向、面部表情以及当前人的情绪这些条件非常敏感。如果在训练（采集的图像）和测试（相机的图像）时这些条件都保持一致，那么人脸识别效果会很好，但是如果一个人训练时站灯的左侧，测试时站在灯的右侧，则可能会产生非常糟糕的结果。因此，用于训练的数据集非常重要。

人脸预处理的目的在于：确保面部始终呈现出相似的亮度和对比度，尽可能确保面部特征始终处于相同的位置（例如将眼睛和鼻子对准特定位置）。好的人脸预处理阶段有助于提高整个人脸识别系统的可靠性，因此本章将重点介绍人脸预处理方法。

尽管媒体大肆宣传一些人脸识别应用于安检的场景，但在真实的安检系统中，目前独立可靠的人脸识别技术并不多见。不过，它们可以用于不需要高可靠性的领域，比如检测进入房间内的不同人进而播放不同的歌曲，或者应用在机器人身上，当它见到你时会叫出你的名字。由人脸识别技术拓展出的技术还有很多，比如性别识别、年龄识别以及表情识别等。

5.1.1　人脸检测

到 2000 年为止，尽管有许多的人脸检测技术，但所有这些方法要么非常缓慢，要么非常不可靠，要么两者兼而有之。2001 年，Viola 和 Jones 发明了用于目标检测的基于 Haar 的目标检测级联分类器，2002 年，Lienhart 和 Maydt 对其进行了改进。其成果是一个目标检测器，它既快（它可以在一个有 VGA 网络摄像头的桌面电脑即可实时检测人脸）又可靠（正面人脸检测准确率约为 95%）。这种目标检测器彻底改变了人脸识别领域（以及机器人和计算机视觉领域），因为它最终让实时的人脸检测和人脸识别成为可能，尤其是当 Lienhart 还亲自编写了对应的目标检测器并免费集成到 OpenCV 时！它不仅适用于正面人脸，也适用于侧面脸（称为人脸轮廓）、眼睛、嘴、鼻子、公司的标志和许多其他物体。

该目标检测器在 OpenCV v2.0 中进一步进行了扩展，并基于 Ahonen、Hadid 和 Pietikäinen 在 2006 年所做的工作，使用了 LBP 特征进行检测，因为基于 LBP 的检测器的速度可以比基于 Haar 的检测器快几倍，并且没有 Haar 检测器所具有的许可问题。

OpenCV 在 v3.4 中实现了深度学习，并且在 v4.0 中变得更加稳定。在本章中，我们将介绍如何使用**单次多框检测器**（SSD）算法进行人脸检测。

基于 Haar 的人脸检测器的基本思想是，对正面人脸的大部分区域而言，眼睛所在的区域应该比前额和脸颊更暗，嘴部应该比脸颊更暗。它通常执行大约 20 个这样的比较来确定检测图像是否是一个人脸，但它必须在图像中的每个可能位置，以及对于每个可能的人脸大小的区域上执行此操作，因此实际上，它通常要对每个图像执行上千次的检查。基于 LBP 的人脸检测器的基本思想与基于 Haar 的人脸检测器类似，但它使用像素亮度对比的直方图，如边缘、角落和平整区域的直方图。

相比于人类可以通过比较脸部的不同来有效区分不同的人，基于 Haar 和 LBP 特征的检测器可以通过训练进而从大量的人脸图像中寻找出指定人脸，这些训练的信息一般存储在 XML 文件中，后面将会用到。这些级联分类器检测器通常使用至少 1000 个独特的人脸图像和 10 000 个非人脸图像（例如，树、汽车和文本的照片）进行训练，即使在多核桌面系统上，训练过程也需要很长时间（对于 LBP，通常需要几个小时，但对于 Haar，则需要一周时间）。幸运的是，OpenCV 提供了一些经过预训练的 Haar 和 LBP 检测器！实际上，只需将不同的级联分类器 XML 文件加载到对象检测器中，并根据所选的 XML 文件在 Haar 和 LBP 检测器之间进行选择，就可以检测正面、人脸轮廓（侧面脸）、眼睛或鼻子。

5.1.1.1 使用 OpenCV 级联分类器实现人脸检测

如前所述，OpenCV v2.4 带有各种预训练的 XML 检测器，可用于不同的目的。下表列出了一些最流行的 XML 文件：

级联分类器类型	XML 文件名
人脸检测器（默认）	haarcascade_frontalface_default.xml
人脸检测器（快速 Haar）	haarcascade_frontalface_alt2.xml
人脸检测器（快速 LBP）	lbpcascade_frontalface.xml
侧脸检测器	haarcascade_profileface.xml
眼部检测器（区分左右眼）	haarcascade_lefteye_2splits.xml
嘴部检测器	haarcascade_mcs_mouth.xml
鼻子检测器	haarcascade_mcs_nose.xml
整个人的身体检测器	haarcascade_fullbody.xml

基于 Haar 检测器存储在 data/haarcascades 文件夹而基于 LBP 的检测器存储在 OpenCV 根文件夹的 datal/bpcascades 文件夹中，例如 C:\\opencv\\data\\lbpcascades。

对于我们的人脸识别项目，我们希望检测正面脸，所以，我们使用 LBP 人脸检测器，因为它最快且没有专利授权问题。请注意，OpenCV v2.x 附带的预训练的 LBP 人脸检测器没有像预训练的 Haar 人脸检测器那样调优过，因此如果想要更可靠的人脸检测，可能需要训练自己的 LBP 人脸检测器或使用 Haar 人脸检测器。

加载用于目标或人脸检测的 Haar 或 LBP 检测器

要执行目标或人脸检测，首先必须使用 OpenCV 的 CascadeClassifier 类加载预训练的 XML 文件，如下所示：

```
CascadeClassifier faceDetector;
faceDetector.load(faceCascadeFilename);
```

它可以通过提供不同的文件名来加载 Haar 或 LBP 检测器。使用此方法时，一个很常见的错误是提供错误的文件夹或文件名，但根据构建环境的不同，load() 方法要么返回 false，要么生成一个 C++ 异常（并退出你的程序，生成具有断言错误的信息）。因此，最好用 try...catch 块来包含 load() 方法，并在出现错误时向用户显示错误消息。许多初学者跳过检查错误，但当某些内容加载不正确时，向用户显示帮助消息是至关重要的；否则，你可能会花费很长时间调试代码的其他部分，然后才能最终意识到某些内容未加载。一个简单的错误消息可以显示如下：

```
CascadeClassifier faceDetector;
try {
  faceDetector.load(faceCascadeFilename);
} catch (cv::Exception e) {}
if ( faceDetector.empty() ) {
  cerr << "ERROR: Couldn't load Face Detector (";
  cerr << faceCascadeFilename << ")!" << endl;
  exit(1);
}
```

访问摄像头

要从计算机的摄像头甚至视频文件中获取帧，你可以简单地调用 `VideoCapture::open()` 函数，向它传递摄像头编号或视频文件名。使用 C++ 流操作符抓取帧，正如你在 1.1 节看到的那样。

使用 Haar 或 LBP 分类器检测对象

现在我们已经加载了分类器（在初始化期间只需加载一次），可以使用它来检测相机每帧中的人脸。但在进行人脸检测前，我们首先需要对其图像进行一些初始处理，步骤如下：

1. **灰度颜色转换**：人脸检测仅适用于灰度图像。所以我们应当把相机的彩色画面转换成灰度图像。
2. **缩小相机图像**：人脸检测的速度取决于输入图像的大小（大图像的速度很慢，小图像的速度很快），但即使在低分辨率下，检测仍然相当可靠。因此，我们应该将相机图像缩小到一个更合理的尺寸（或者在检测器中使用较大的 `minFeatureSize` 值，如以下部分所述）。
3. **直方图均衡化**：人脸检测在低光照条件下不太可靠。因此，我们应该进行直方图均衡化，以提高对比度和亮度。

灰度颜色转换

我们可以使用 `cvtColor()` 函数轻松地将 RGB 彩色图像转换为灰度图像。但是，只有知道图像是彩色图像（或者说它不是灰度图像），并且知道输入图像的格式（通常桌面端是三通道 BGR 格式，移动端则是四通道 BGRA 格式）时，我们才应该这样做。因此，我们应该支持三种不同的输入色彩格式，如下面的代码所示：

```
Mat gray;
if (img.channels() == 3) {
  cvtColor(img, gray, COLOR_BGR2GRAY);
}
else if (img.channels() == 4) {
  cvtColor(img, gray, COLOR_BGRA2GRAY);
}
```

```
else {
  // Access the grayscale input image directly.
  gray = img;
}
```

缩小相机图像

可使用 resize() 函数按特定大小或比例因子进行缩放。人脸检测通常适用于尺寸大于 240 × 240 像素的任何图像（除非需要检测远离相机的人脸），因为它将查找尺寸比 minFeatureSize（通常为 20 × 20 像素）大的任何人脸。所以，我们将相机图像缩小到 320 像素宽，输入是来自 VGA 摄像头还是来自 500 万像素的高清摄像头变得不再重要。需要注意的是：事后需要放大检测结果，因为如果在缩小的图像中检测到人脸，那么结果也会缩小。如果不想缩小输入图像，也可以让检测器中的 minFeatureureSize 变量使用一个较大的值。我们还必须确保图像不会变宽或变窄。例如，当 800 × 400 的宽屏幕图像缩小到 300 × 200 时，会使人看起来很瘦。因此，我们必须保证输出与输入的纵横比（宽高比）相同。可通过计算来得到要缩小的宽度因子，然后将相同的比例因子应用到高度上，如下所示：

```
const int DETECTION_WIDTH = 320;
// Possibly shrink the image, to run much faster.
Mat smallImg;
float scale = img.cols / (float) DETECTION_WIDTH;
if (img.cols > DETECTION_WIDTH) {
  // Shrink the image while keeping the same aspect ratio.
  int scaledHeight = cvRound(img.rows / scale);
  resize(img, smallImg, Size(DETECTION_WIDTH, scaledHeight));
}
else {
  // Access the input directly since it is already small.
  smallImg = img;
}
```

直方图均衡化

利用 equalizeHist() 函数，我们可以轻松进行直方图均衡化，以改善图像的对比度和亮度。有时，这会使图像看起来很奇怪，但总体说来，提高亮度和对比度后有助于人脸检测。equalizeHist() 函数的用法如下：

```
// Standardize the brightness & contrast, such as
```

```
// to improve dark images.
Mat equalizedImg;
equalizeHist(inputImg, equalizedImg);
```

人脸检测

现在，我们已经将图像转换为灰度图，缩小了图像并使用了直方图均衡化，接着将使用 CascadeClassifier::detectMultiScale() 函数检测人脸！我们传递多个参数给这个函数，如下所示：

- minFeatureSize：此参数决定最小人脸的大小，通常为 20 × 20 或 30 × 30 像素，但这取决于你的用例（use case）和图像大小。如果在摄像头或智能手机上执行人脸检测，人脸离摄像头近，可以将此放大到 80 × 80 以获得更快的检测速度，如果想检测远处的人脸，例如在海滩上的朋友，则保留 20 × 20 大小。
- searchScaleFactor：此参数决定要查找多少不同大小的人脸，通常情况下，设为 1.1 检测效果好，设为 1.2 则检测更快，但经常找不到人脸。
- minNeighbors：这个参数决定了检测器确定它已经检测到一个人脸的阈值，通常设为 3，如果你想要更可靠的人脸，也可以将其设置得更高，尽管这可能会检测不到人脸。
- flags：此参数允许指定用户是找出所有人脸（默认的），还是只找出最大的人脸（CASCADE_FIND_BIGGEST_OBJECT）。如果你只找出最大的脸，则速度更快。还有其他一些参数可使检测速度提高 1% 或 2%，例如 CASCADE_DO_ROUGH_SEARCH 或 CASCADE_SCALE_IMAGE。
- detectMultiScale() 函数的输出将是一个 cv::Rect 类型的 std::vector 向量。例如，如果它检测到两张人脸，那么它的输出为一个由两个矩形组成的数组。detectMultiScale() 函数的使用如下：

```
    int flags = CASCADE_SCALE_IMAGE; // Search for many faces.
    Size minFeatureSize(20, 20);     // Smallest face size.
    float searchScaleFactor = 1.1f;  // How many sizes to search.
    int minNeighbors = 4;            // Reliability vs many faces.

// Detect objects in the small grayscale image.
std::vector<Rect> faces;
faceDetector.detectMultiScale(img, faces, searchScaleFactor,
                minNeighbors, flags, minFeatureSize);
```

可通过使用 object.size() 函数查看存储在矩形向量中的元素的数量，以达到判断是否检测到了人脸的目的。

如前所述，如果用一个缩小的图像进行人脸检测，结果也会被缩小，因而，如果我们想看到原图像的人脸区域，需要放大结果。我们还需要确保靠近边缘的人脸完全保留在图像中，因为如果超界，OpenCV 将引发异常，如下面的代码所示：

```
// Enlarge the results if the image was temporarily shrunk.
if (img.cols > scaledWidth) {
  for (auto& object:objects ) {
    object.x = cvRound(object.x * scale);
    object.y = cvRound(object.y * scale);
    object.width = cvRound(object.width * scale);
    object.height = cvRound(object.height * scale);
  }
}
// If the object is on a border, keep it in the image.
for (auto& object:objects) {
  if (object.x < 0)
    object.x = 0;
  if (object.y < 0)
    object.y = 0;
  if (object.x + object.width > img.cols)
    object.x = img.cols - object.width;
  if (object.y + object.height > img.rows)
    object.y = img.rows - object.height;
}
```

注意，前面的代码将查找图像中的所有人脸，但若只关心一张脸，则可以更改 flags 变量，如下所示：

```
int flags = CASCADE_FIND_BIGGEST_OBJECT |
            CASCADE_DO_ROUGH_SEARCH;
```

WebcamFaceRec 项目封装 OpenCV 的 Haar 或 LBP 检测器，使其更容易在图像中找到人脸或眼睛，例如：

```
Rect faceRect;    // Stores the result of the detection, or -1.
int scaledWidth = 320;     // Shrink the image before detection.
detectLargestObject(cameraImg, faceDetector, faceRect, scaledWidth);
if (faceRect.width > 0)
cout << "We detected a face!" << endl;
```

现在人脸框有了，我们可以使用它从原始图像中提取或裁剪出人脸。下面的代码允许我们访问人脸：

```
// Access just the face within the camera image.
Mat faceImg = cameraImg(faceRect);
```

下图是人脸检测器给出的典型矩形区域：

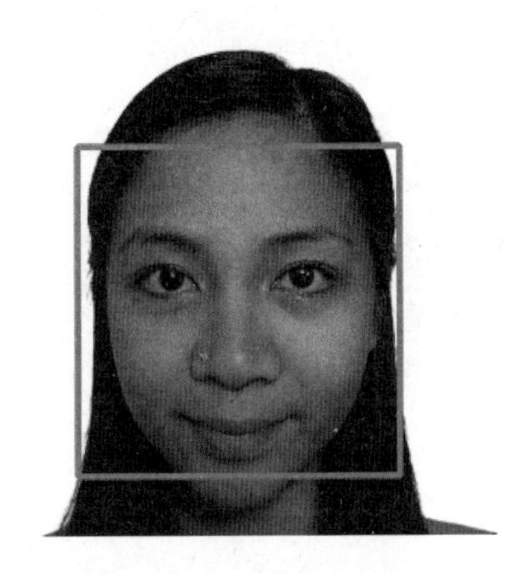

5.1.1.2　使用 OpenCV 深度学习模块实现人脸检测

在 OpenCV 3.4 的时候，深度学习模块还放在贡献源中（https://github. com/opencv/opencv_contrib）。但从 4.0 版开始，深度学习就已成为 OpenCV 核心的一部分。这意味着 OpenCV 深度学习是稳定的，维护良好的。

我们可以使用一个针对人脸的 SSD 深度学习算法的预训练 Caffe 模型。该算法允许我们在单个深度学习网络中检测图像中的多个对象，返回每个检测到的对象的类和边界框。

要加载预训练的 Caffe 模型需要加载两个文件：

- 原始文件或配置模型，在我们的示例中，该文件保存为 `date/deploy.prototxt`。
- 二元训练模型，它含有（神经网络的）每个变量的权重。在我们的示例中，文件保存为 `data/res10_300x300_ssd_iter_140000_fp16.caffemodel`。

下面的代码允许我们将模型加载到 OpenCV 中：

```
dnn::Net net = readNetFromCaffe("data/deploy.prototxt",
"data/res10_300x300_ssd_iter_14000_fp16.caffemodel");
```

加载深度学习网络后，对于网络摄像头捕获的每个帧而言，必须转换为深度学习网络可以理解的 blob 图像。使用 blobFromImage 函数如下：

```
Mat inputBlob = blobFromImage(frame, 1.0, Size(300, 300), meanVal, false,
false);
```

第一个参数是输入图像，第二个是每个像素值的缩放因子，第三个是输出尺寸大小，第四个是要从每个通道中减去的 Scalar 值，第五个为是否交换 B 和 R 通道的标志，而最后一个参数，如果我们将它设置为 ture，表示调整大小后裁剪图像。

现在，我们已经为深度神经网络准备好了输入图像。要将其设为网络的输入，必须调用以下函数：

```
net.setInput(inputBlob);
```

最后，我们可以调用网络进行预测：

```
Mat detection = net.forward();
```

5.1.2　人脸预处理

如前所述，人脸识别极易受光照条件、人脸方向、面部表情等变化的影响，因此尽可能消除这些差异非常重要。否则，人脸识别算法往往会认为：在相同条件下，两个不同人的脸会比同一个人的两张图片中的脸具有更多相似性。

人脸预处理最简单的方式就是使用 equalizeHist () 函数来做直方图均衡化，这与前面的人脸检测那步一样。对于某些照明和位置条件变化不大的项目而言，这就够了。但是，在现实环境下，为保证算法的可靠性，我们需要更多复杂的技术，包括人脸特征检测（例如，检测眼睛、鼻子、嘴巴和眉毛）。为简单起见，本章将只使用眼睛检测，忽略掉其他人脸检测中用得较少的特征，如嘴巴和鼻子。

下图显示了一个被预处理过的典型的人脸大图，本节将介绍得到这种图像的技术。

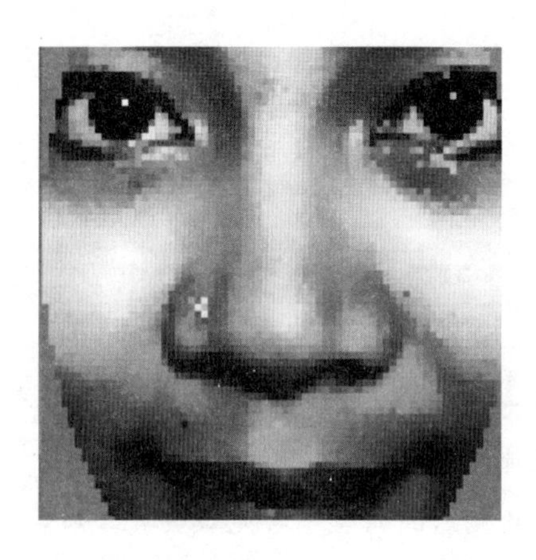

5.1.2.1　眼睛检测

眼睛检测对于面部预处理非常有用，因为对于正面人脸，你可以假设一个人的眼睛应该是水平的并对称分部于面部的两边，并且应该在人脸上有着标定的位置和大小，尽管面部表情、照明条件、相机属性、到相机的距离等都会发生变化。

当人脸检测器将别的东西误判为人脸时，使用眼睛检测器可以丢掉这种误判。很少有人脸检测器和双眼检测器同时出错，因此如果只处理同时检测到的人脸和眼睛的图像，那么误报将大大减少（但是对于少数的人脸，眼睛检测器和人脸检测器都会失效）。

一些 OpenCV v2.4 附带的一些预训练过的眼睛检测器，可以检测睁开或闭着的眼睛，而另一些检测器则只能检测睁开的眼睛。

能同时检测睁开或闭着的眼睛检测器如下：

- `haarcascade_mcs_lefteye.xml`（和 `haarcascade_mcs_righteye.xml`）
- `haarcascade_lefteye_2splits.xml`（和 `haarcascade_righteye_2splits.xml`）

只能检测睁开眼睛的眼睛检测器如下：

- haarcascade_eye.xml
- haarcascade_eye_tree_eyeglasses.xml

由于在训练检测器时，包含有睁开或闭合的左眼和右眼数据是分开训练的，因此需要对左眼和右眼使用不同的检测器，而只检测睁开的眼睛的检测器则可以对左右眼使用相同的探测器。

如果有人戴着眼镜，haarcascade_eye_tree_eyeglasses.xml 检测器可以检测到他的眼睛，但是如果他不戴眼镜，检测器就变得不可靠了。

XML 文件名中的左眼表示该人的实际左眼，因此在相机图像中，它通常会出现在脸的右侧，而不是左侧！

上面提到的四个眼睛检测器的列表是按照从最可靠到最不可靠的大致顺序排列的，因此如果你知道你找的人不戴眼镜，那么第一个检测器也许就是最佳选择。

5.1.2.2 搜索眼部区域

对于眼睛检测，首先需要从输入图像裁剪出眼睛及附近区域，正如面部检测所做的那样，接着裁剪出左眼的矩形框（如果使用的是左眼检测器），以及右眼的矩形框（以使用右眼检测器）。

如果你对整张脸或整张照片进行眼睛检测，则又慢又不太可靠。不同的面部区域适合不同的眼睛检测器，例如仅在紧贴眼部周围的范围内搜索时，haarcascade_eye.xml 检测器的工作效果最好。然而当在眼睛周围的较大区域进行搜索时，haarcascade_mcs_ lefteye.xml 和 haarcascade_lefteye_2splits.xml 检测效果则最好。

下表列出了人脸中不同的眼睛检测器（当使用 LBP 人脸检测器时）对应的一些效果较好的搜索区域，使用了检测到的面部矩形的相对坐标（EYE_SX 是眼睛搜索的 x 坐标，EYE_SY 是眼睛搜索的 y 坐标，EYE_SW 是眼睛搜索的宽度，EYE_SH 是搜索高度）：

级联分类器	EYE_SX	EYE_SY	EYE_SW	EYE_SH
haarcascade_eye.xml	0.16	0.26	0.30	0.28
haarcascade_mcs_lefteye.xml	0.10	0.19	0.40	0.36
haarcascade_lefteye_2splits.xml	0.12	0.17	0.37	0.36

以下是从检测到的人脸中提取左眼和右眼区域的源代码：

```
int leftX = cvRound(face.cols * EYE_SX);
int topY = cvRound(face.rows * EYE_SY);
int widthX = cvRound(face.cols * EYE_SW);
int heightY = cvRound(face.rows * EYE_SH);
int rightX = cvRound(face.cols * (1.0-EYE_SX-EYE_SW));

Mat topLeftOfFace = faceImg(Rect(leftX, topY, widthX, heightY));
Mat topRightOfFace = faceImg(Rect(rightX, topY, widthX, heightY));
```

下图显示了不同眼睛检测器的理想搜索区域，其中的 haarcascade_eye.xml 和 haarcascade_eye_tree_eyeglasses.xml 文件最好使用较小的搜索区域，而 haarcascade_mcs_*eye.xml 和 haarcascade_*eye_2splits.xml 则适合使用较大的搜索区域。请注意，检测到的人脸矩形也显示了出来，以便了解眼睛搜索区域与检测到的面部的相对大小：

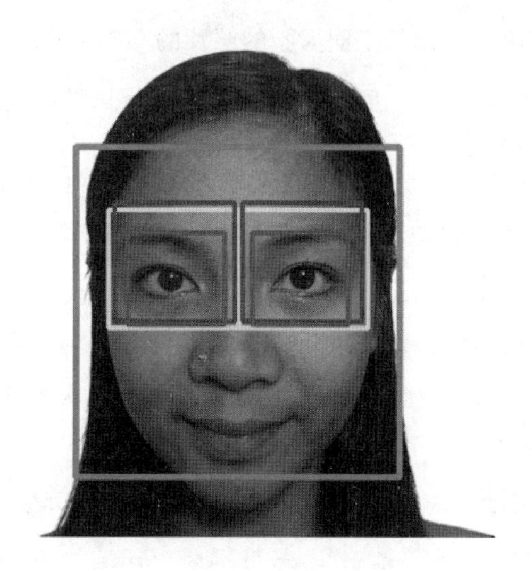

下表给出了使用眼睛搜索区域时，不同的眼睛检测器的相似检测属性：

级联分类器	可靠性 *	速度 **	检出方式	戴眼镜
haarcascade_mcs_lefteye.xml	80%	18 ms	睁眼或闭眼	否
haarcascade_lefteye_2splits.xml	60%	7 ms	睁眼或闭眼	否
haarcascade_eye.xml	40%	5 ms	睁眼	否
haarcascade_eye_tree_eyeglasses.xml	15%	10 ms	睁眼	是

可靠性表示未戴眼镜且双眼睁开的情况下，LBP 正面人脸检测后检测到双眼的概率。如果闭上眼睛，可靠性可能会下降，如果佩戴眼镜，可靠性和速度都会下降。

速度以毫秒（ms）为单位，在 Intel Core i7 2.2 GHz 下，对缩放到 320 × 240 像素大小的图像进行检测（1000 张照片的平均值）。找到眼睛的速度要比没有找到眼睛时快得多，因为后者必须扫描整幅图像，不过 haarcascade_mcs_lefteye.xml 仍然比其他眼睛检测器慢得多。

举个例子，如果你将照片缩小到 320 × 240 像素，对照片上执行直方图均衡化，再使用 LBP 正面人脸检测器获取人脸，然后使用 haarcascade_mcs_lefteye.xml 从人脸中提取左眼区域和右眼区域，接着对每个眼睛区域执行直方图均衡。当然，如果你在左眼（实际上在图像的右上角）上使用 haarcascade_mcs_lefteye.xml 检测器，并在右眼（图像的左上角）上使用 haarcascade_mcs_righteye.xml 检测器，每个眼睛检测器应该覆盖 LBP 检测出的正面人脸的照片的 90% 区域。但如果你想同时检测出两只眼睛，那么只需在检测 LBP 正面人脸的照片的 80% 区域即可。

注意，虽然建议在检测人脸之前先缩小照片，但应该以完整的相机分辨率检测眼睛，因为眼睛显然要比人脸小得多，所以需要尽可能高的分辨率。

根据表格，在选择要使用的眼睛检测器时，应该决定是要检测闭着的眼睛还是都睁开的眼睛。记住，你甚至可以只使用一个眼睛检测器，如果它没有检测到眼睛，那么你再尝试使用另一个。

对于许多任务而言，无论图像中的眼睛睁开还是闭着，检测眼部都有用。另外，如果速度不重要，最好首先用 mcs_*eye 检测器，如果失败，再用 eye_2splits 检测器。

但对于人脸识别而言，闭上眼睛与睁开眼睛的人可能完全不同，所以最好用普通的 haarcascade_eye 眼睛检测器，如果失败，那么再用 haarcascade_eye_tree_eyeglasses 眼睛检测器。

我们可以使用与人脸检测相同的 detectLargestObject() 函数来搜索眼睛，但是我们不需要在人眼检测之前缩小图像，而是指定了整个眼部区域的宽度，以获取更佳的人眼检测效果。使用一个检测器很容易搜索左眼，如果失败，则尝试另一个检测器（右眼也同样如此）。人眼检测过程如下：

```
CascadeClassifier eyeDetector1("haarcascade_eye.xml");
CascadeClassifier eyeDetector2("haarcascade_eye_tree_eyeglasses.xml");
...
Rect leftEyeRect;    // Stores the detected eye.
// Search the left region using the 1st eye detector.
detectLargestObject(topLeftOfFace, eyeDetector1, leftEyeRect,
topLeftOfFace.cols);
// If it failed, search the left region using the 2nd eye
// detector.
if (leftEyeRect.width <= 0)
  detectLargestObject(topLeftOfFace, eyeDetector2,
            leftEyeRect, topLeftOfFace.cols);
// Get the left eye center if one of the eye detectors worked.
Point leftEye = Point(-1,-1);
if (leftEyeRect.width <= 0) {
  leftEye.x = leftEyeRect.x + leftEyeRect.width/2 + leftX;
  leftEye.y = leftEyeRect.y + leftEyeRect.height/2 + topY;
}

// Do the same for the right eye
...

// Check if both eyes were detected.
if (leftEye.x >= 0 && rightEye.x >= 0) {
  ...
}
```

检测到人脸和双眼后，我们将结合以下步骤进行人脸预处理：

1. 几何变换和裁剪：这个过程包括缩放、旋转和平移图像，使眼睛对齐，然后从面部图像中移除前额、下巴、耳朵和背景。

2. 左脸和右脸的分别使用直方图均衡：这个过程分别标定化了人脸左右两侧的亮度和对比度。

3. **平滑**：使用双边滤波器降低图像噪声。

4. **椭圆掩码**：椭圆掩码去除面部图像中剩余的头发和背景。

以下照片显示了应用面部检测后的预处理过程：步骤 1 至步骤 4。请注意，最后那幅人脸的左脸和右脸都有很好的亮度和对比度，而原图则没有：

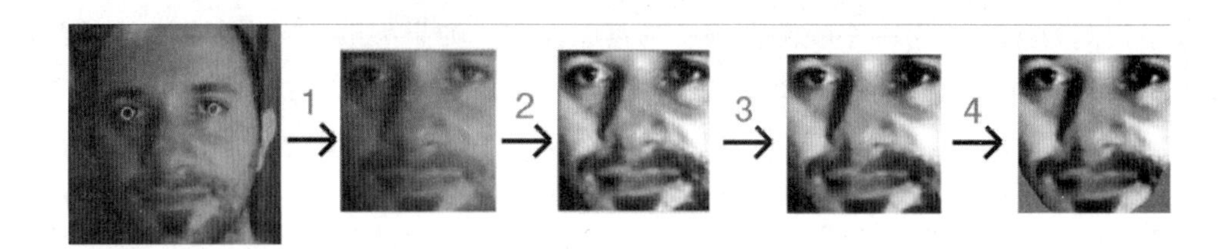

几何变换

对人脸识别而言，人脸彼此都对齐相当重要，否则人脸识别算法可能存在诸如将鼻子的一部分与眼睛的一部分进行比较的情况。前面的人脸检测的输出结果在某种程度上是对齐的，但它不是很精确（也就是说，人脸矩形并不总是从前额的同一点开始的）。

为了得到更好的对齐，我们将使用眼睛检测来对齐脸部，这样检测到的两只眼睛的位置就能完美地对齐到所需位置。我们将使用 `warpAffine()` 函数进行几何变换，这是一个独立的操作，它将完成以下四件事：

- 旋转脸部，使两只眼睛水平
- 按比例缩放脸部，使两眼之间的距离始终相同
- 平移人脸，使眼睛始终在所需的高度上水平居中
- 裁剪掉脸部的外围，因为我们想剪掉背景、头发、前额、耳朵和下巴

仿射变换采用仿射矩阵，将检测到的两只眼睛的位置变换到所需的眼睛位置，然后裁剪至所需的大小和位置。为了得到仿射矩阵，我们将获得眼睛之间的中心点，计算出眼睛之间的角度，并得出它们之间的距离，如下所示：

```
// Get the center between the 2 eyes.
Point2f eyesCenter;
```

```
eyesCenter.x = (leftEye.x + rightEye.x) * 0.5f;
eyesCenter.y = (leftEye.y + rightEye.y) * 0.5f;
// Get the angle between the 2 eyes.
double dy = (rightEye.y - leftEye.y);
double dx = (rightEye.x - leftEye.x);
double len = sqrt(dx*dx + dy*dy);

// Convert Radians to Degrees.
double angle = atan2(dy, dx) * 180.0/CV_PI;

// Hand measurements shown that the left eye center should
// ideally be roughly at (0.16, 0.14) of a scaled face image.
const double DESIRED_LEFT_EYE_X = 0.16;
const double DESIRED_RIGHT_EYE_X = (1.0f - 0.16);

// Get the amount we need to scale the image to be the desired
// fixed size we want.
const int DESIRED_FACE_WIDTH = 70;
const int DESIRED_FACE_HEIGHT = 70;
double desiredLen = (DESIRED_RIGHT_EYE_X - 0.16);
double scale = desiredLen * DESIRED_FACE_WIDTH / len;
```

现在，我们可以变换人脸（旋转、缩放和平移），以使检测到的双眼处于理想面部中所需的位置，如下所示：

```
// Get the transformation matrix for the desired angle & size.
Mat rot_mat = getRotationMatrix2D(eyesCenter, angle, scale);
// Shift the center of the eyes to be the desired center.
double ex = DESIRED_FACE_WIDTH * 0.5f - eyesCenter.x;
double ey = DESIRED_FACE_HEIGHT * DESIRED_LEFT_EYE_Y -
  eyesCenter.y;
rot_mat.at<double>(0, 2) += ex;
rot_mat.at<double>(1, 2) += ey;
// Transform the face image to the desired angle & size &
// position! Also clear the transformed image background to a
// default grey.
Mat warped = Mat(DESIRED_FACE_HEIGHT, DESIRED_FACE_WIDTH,
  CV_8U, Scalar(128));
warpAffine(gray, warped, rot_mat, warped.size());
```

左、右脸分别使用直方图均衡

在现实世界中，经常有半边脸是强光照，而另一半是弱光照。这对人脸识别算法产生了巨大的影响，同一张脸的左右两边看起来会像完全不同的两个人。因此，我们将分别对左右半张脸进行直方图均衡化，以标定化脸部每一侧的亮度和对比度。

如果我们简单地对左脸和右脸应用直方图均衡化，将在中间看到一条非常明显的边，因为左右两边的平均亮度可能不相同。为了消除这一边缘，我们将从左侧或右侧分别进行两个直方图均衡，并将其与全脸直方图均衡混合。

因此，最左侧将使用左侧直方图均衡，最右侧将使用右侧直方图均衡，中心将使用左右值和整个人脸均衡值的平滑混合。

下面的截图显示了如何将左均衡、全均衡和右均衡的图像混合在一起：

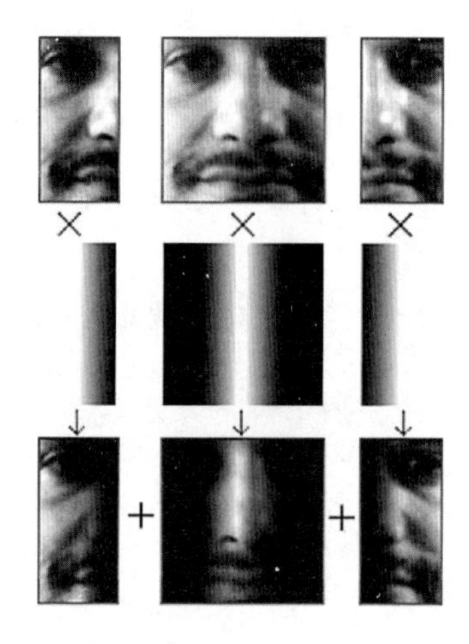

要执行此操作，我们需要整个面部均衡，以及左脸均衡和右脸均衡，具体操作如下：

```
int w = faceImg.cols;
int h = faceImg.rows;
Mat wholeFace;
equalizeHist(faceImg, wholeFace);
int midX = w/2;
Mat leftSide = faceImg(Rect(0,0, midX,h));
Mat rightSide = faceImg(Rect(midX,0, w-midX,h));
equalizeHist(leftSide, leftSide);
equalizeHist(rightSide, rightSide);
```

现在，我们将这三幅图像融合在一起。由于图像很小，我们可以很容易地使用 `image.at<uchar>(y,x)` 函数直接访问像素，即使它很慢。因此，让我们通过直接访问三个输入图像和输出图像中的像素来合并这三个图像，如下：

```
for (int y=0; y<h; y++) {
  for (int x=0; x<w; x++) {
    int v;
    if (x < w/4) {
      // Left 25%: just use the left face.
      v = leftSide.at<uchar>(y,x);
    }
    else if (x < w*2/4) {
      // Mid-left 25%: blend the left face & whole face.
      int lv = leftSide.at<uchar>(y,x);
      int wv = wholeFace.at<uchar>(y,x);
      // Blend more of the whole face as it moves
      // further right along the face.
      float f = (x - w*1/4) / (float)(w/4);
      v = cvRound((1.0f - f) * lv + (f) * wv);
    }
    else if (x < w*3/4) {
      // Mid-right 25%: blend right face & whole face.
      int rv = rightSide.at<uchar>(y,x-midX);
      int wv = wholeFace.at<uchar>(y,x);
      // Blend more of the right-side face as it moves
      // further right along the face.
      float f = (x - w*2/4) / (float)(w/4);
      v = cvRound((1.0f - f) * wv + (f) * rv);
    }
    else {
      // Right 25%: just use the right face.
      v = rightSide.at<uchar>(y,x-midX);
    }
    faceImg.at<uchar>(y,x) = v;
  } // end x loop
} //end y loop
```

这种分离的直方图均衡有助于显著减少不同光源对人脸左右两侧的影响，但我们必须明白，它不能完全消除单侧光照的影响，因为人脸是一个复杂的三维形状，有着很多阴影。

平滑

为了降低像素噪声的影响，我们将在人脸上使用双边滤波器，因为双边滤波器在保持边缘清晰的同时，非常擅长平滑大部分图像。直方图均衡化会显著增加像素噪声，因此我们将滤波器强度设置为 `20.0`，覆盖较重的像素噪声，并且邻域仅设为两个像素，因为我们希望大幅度地平滑微小像素噪声，而非大图像区域，如下所示：

```
Mat filtered = Mat(warped.size(), CV_8U);
bilateralFilter(warped, filtered, 0, 20.0, 2.0);
```

椭圆掩码

尽管我们在几何变换的时候已经删除了大部分的图像背景、前额和头发，但还需要一个椭圆掩码来删除一些边角区域，如颈部。这些区域可能来自于脸部阴影，特别是如果脸没有笔直正对相机，更容易出现这种情况。要创建掩码，我们将在白色图像上绘制一个黑色填充椭圆。该椭圆的水平半径为 0.5（也就是说，等于脸的宽度），垂直半径为 0.8（脸的高度通常大于它的宽度），中心坐标为（0.5，0.4），下面的截图所示，椭圆掩码已从脸部移除了一些不需要的角落：

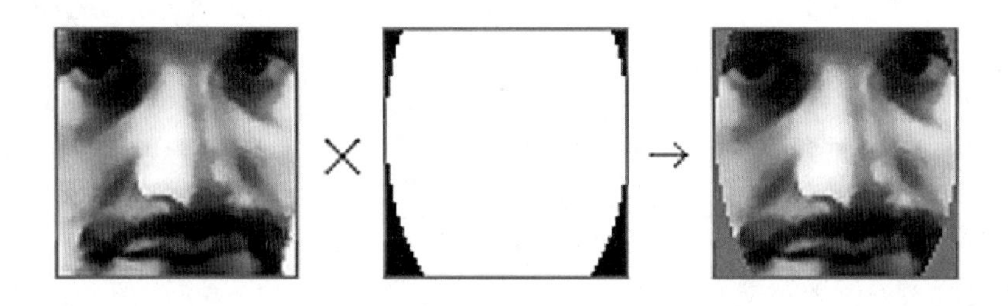

可以调用 cv::setTo ( ) 函数来应用掩码，该函数通常会将整个图像设置为某个像素值，但由于我们将提供掩码图像，因此它只将某些部分设置为给定的像素值。我们将用灰色填充图像，使其与面部其他部分的对比度更低，如下所示：

```
// Draw a black-filled ellipse in the middle of the image.
// First we initialize the mask image to white (255).
Mat mask = Mat(warped.size(), CV_8UC1, Scalar(255));
double dw = DESIRED_FACE_WIDTH;
double dh = DESIRED_FACE_HEIGHT;
Point faceCenter = Point( cvRound(dw * 0.5),
  cvRound(dh * 0.4) );
Size size = Size( cvRound(dw * 0.5), cvRound(dh * 0.8) );
ellipse(mask, faceCenter, size, 0, 0, 360, Scalar(0),
  CV_FILLED);

// Apply the elliptical mask on the face, to remove corners.
// Sets corners to gray, without touching the inner face.
filtered.setTo(Scalar(128), mask);
```

下面放大的屏幕截图显示了人脸预处理阶段结束后的一张示例图像。注意，预处理使得即使在不同的亮度、旋转角度、相机角度、背景、灯光位置等条件下，人脸识别也会更加一致。当收集用于训练的人脸集时和识别输入的人脸时，将通过预处理的人脸图像用作人脸识别阶段的输入。

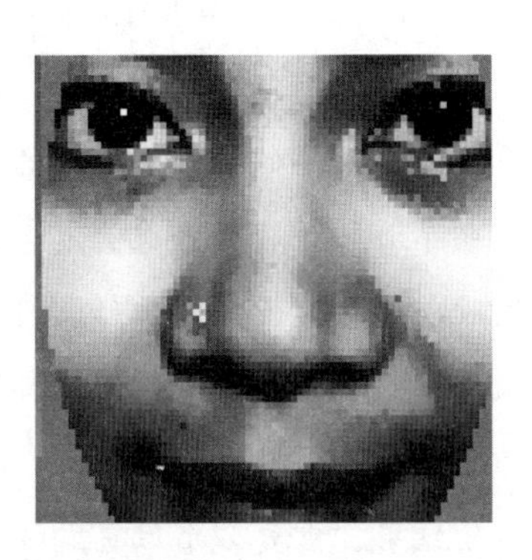

5.1.3　收集人脸并从中学习

收集人脸可以看成是这样一个简单的过程：把从相机得到的人脸图像通过预处理后放到相应的数组中，并将其对应的类标签放到类标签数组中（类标签是用来指定拍摄的是哪个人的脸）。例如，可分别对第一个人和第二个人的 10 幅人脸图像进行预处理后，将结果存放到数组中，并生成由 20 个整数构成的数组（该数组的前 10 个元素为 0，后 10 个元素为 1），然后将这两个数组作为人脸识别算法的输入。

人脸识别算法将学习如何区分不同人的脸，这被称为训练阶段。所收集的人脸数据集被称为训练集。在人脸识别算法完成训练后，你可以将生成的知识保存到一个文件或内存中，以后使用它来识别在镜头前看到的人，这被称为测试阶段。如果你直接从相机输入中使用它，那么预处理后的人脸将被称为测试图像，如果你收集了许多图像（例如来自图像文件的文件夹）进行测试，则将其称为测试集。

一个好的训练集需要涵盖人脸变化的各种情况。例如，如果你只需测试完全正面的脸（比如身份证照片），那么你只需提供看向正前方的人脸图像训练集。但是如果用于测试的数据中的人向左看，或者向上看，那么则应该确保训练集也包括这样的脸，否则人脸识别算法会有问题，因为测试的脸与训练集中的脸完全不同。这也适用于其他因素，比如面部表情（例如，如果某人在训练集中总是微笑，但在测试集中没有微笑）或照明方向（例如，在训练集中强光是在左侧，而在测试集中是在右侧），则人脸识别算法很难识别它们。我们刚刚看到的面部预处理步骤将有助于减少这些问题，但它肯定不会消除这些因素，尤其是面部所看的方向，因为它对面部所有元素的位置有很大影响。

> 获得一个涵盖许多不同真实世界条件的良好训练集的一种方法是，让每个人的头由朝左看向上、向右、向下旋转，然后直视前方。然后，这些人会将头侧向一边，接着上下摆动，同时也会改变他们的面部表情，比如时而微笑，时而生气，时而表情平静。如果每个人在收集人脸的时候都遵循这样的惯例，那么在现实世界中识别每个人的可能性就会大得多。
> 甚至于有时为了得到更好的结果，需要多个位置或方向上的人脸图像，例如将相机旋转 180 度，或朝相反方向来回移动，不断重复整个过程，这样训练集就会包括许多不同的光照条件。

因此，一般来说，每人 100 张面孔可能比仅 10 张面孔用于训练能产生更好的效果，但是如果所有 100 张脸看起来几乎相同，那么它仍然会表现不佳。因为，更重要的是训练集要有足够的多样性来覆盖它的测试集，而不仅仅是具有大量的面孔。因此，为了确保训练集中的人脸彼此不太相似，我们应该在每个收集的人脸间添加一个明显的延迟。例如，如果相机以每秒 30 帧的速度运行，它可能会在几秒钟内采集 100 张脸，而此时有可能人根本就没有移动。因此最好在人脸移动时，每秒采集一次人脸。另一种提高人脸图像多样性的简单方法是：只收集与先前收集的图像有显著差异的人脸图像。

5.1.3.1　收集用于训练的预处理图像

为了确保在收集新面孔之间至少有一秒钟的间隔，我们需要测量时间间隔。具体做法如下：

```
// Check how long since the previous face was added.
double current_time = (double)getTickCount();
double timeDiff_seconds = (current_time -
  old_time) / getTickFrequency();
```

若要比较两幅图像像素之间的相似性，可用基于 L2 范数的相对错误评价标定，该标定是将两幅图像的相应像素值相减，并对所得的差值求平方和，然后再对结果求平方根。

因此，如果这个人根本没有移动，从上一幅人脸图像的像素值减去当前人脸图像的像素值，其差值会非常小，但是如果任何方向有位移，两幅图像的 L2 误差就会很高。L2 误差是针对所有像素求和，因此，它的值与图像分辨率有关。因此，为得到平均误差，我们应该将该值除以图像中的总像素。可将此功能封装成一个名为 getSimilarity() 的简洁函数，该函数的具体实现如下：

```
double getSimilarity(const Mat A, const Mat B) {
  // Calculate the L2 relative error between the 2 images.
  double errorL2 = norm(A, B, CV_L2);
  // Scale the value since L2 is summed across all pixels.
  double similarity = errorL2 / (double)(A.rows * A.cols);
  return similarity;
}

...

// Check if this face looks different from the previous face.
double imageDiff = MAX_DBL;
if (old_prepreprocessedFaceprepreprocessedFace.data) {
  imageDiff = getSimilarity(preprocessedFace,
    old_prepreprocessedFace);
}
```

如果图像没有移动太多，这种相似性通常小于 0.2，如果图像确实移动了，则相似性高于 0.4，所以我们使用 0.3 作为收集新面孔的阈值。

有很多技巧可以生成更多的训练数据，例如镜像人脸、添加随机噪声、将人脸移动几个像素、按比例缩放面部，或者将面部旋转几度（尽管我们在预处理人脸时试图专门消除这些影响！）。下面，让我们将镜像人脸添加到训练集中。这样，在训练集中就会有原人脸和镜像人脸的信息，训练集就会更大，这也有助于减少非对称人脸问题，或者参与训练的人脸图像总是稍微偏左或偏右，但测试时不存在这种情况，通过镜像人脸就有助于解决此问题。具体做法如下：

```
// Only process the face if it's noticeably different from the
// previous frame and there has been a noticeable time gap.
if ((imageDiff > 0.3) && (timeDiff_seconds > 1.0)) {
  // Also add the mirror image to the training set.
  Mat mirroredFace;
  flip(preprocessedFace, mirroredFace, 1);
```

```
    // Add the face & mirrored face to the detected face lists.
    preprocessedFaces.push_back(preprocessedFace);
    preprocessedFaces.push_back(mirroredFace);
    faceLabels.push_back(m_selectedPerson);
    faceLabels.push_back(m_selectedPerson);

    // Keep a copy of the processed face,
    // to compare on next iteration.
    old_prepreprocessedFace = preprocessedFace;
    old_time = current_time;
}
```

此处，我们用到了数组 preprocessedFaces 和 faceLabels，它们都是 std::vector 类型，分别保存着预处理图像和相应的标签，该标签就是每个人的编号（总人数保存在整型变量 m_selectedPerson 中）。

为了让用户更清楚地知道我们已经将他们当前的面部添加到训练集中了，可在图像上提供一个说明，其方法是在整个图像的一个大的白色矩形上显示通知或在很短时间内显示获取的人脸，以便让用户能知道这是刚才拍摄的图像。通过 OpenCV 的 C++ 接口来对 cv::Mat 的 + 做运算符重载，以增加图像中每个像素的值，所增加的像素值不能超过 255（通过 saturate_cast 来实现此功能，它会让像素值保持在 255 之内，防止溢出为黑色）。在上面人脸图像收集程序的后面插入 displayedFrame 函数，以显示彩色视频帧的拷贝：

```
// Get access to the face region-of-interest.
Mat displayedFaceRegion = displayedFrame(faceRect);
// Add some brightness to each pixel of the face region.
displayedFaceRegion += CV_RGB(90,90,90);
```

5.1.3.2　从采集的人脸训练人脸识别系统

收集了足够多的供识别的人脸数据后，你必须使用适合人脸识别的机器学习算法来训练系统去学习数据。文献中有许多不同的人脸识别算法，其中最简单的是特征脸（Eigenfaces）算法和人工神经网络。特征脸算法虽然很简单，但往往比人工神经网络（ANN）更有效，且和许多更复杂的人脸识别算法一样好用。因而，对于初学者而言，它是基本的人脸识别算法，并可作为测试新算法的基准算法，基于这些原因，该算法非常流行。

建议任何想进一步研究人脸识别的读者阅读以下内容：

- Eigenfaces（也称为**主成分分析**（PCA））
- Fisherfaces（也称为**线性判别分析**（LDA））
- 其他经典的人脸识别算法（很多可以在 http://www.facerec.org/algorithms/ 上找到）
- 最近的计算机视觉研究论文（如 http://www.cvpapers.com/ 上的 CVPR 和 ICCV）中的新人脸识别算法，每年都有数百份人脸识别论文发表

但是，你无须理解这些算法的理论，只需直接按照本书中的说明使用它们。感谢 OpenCV 团队和 Philipp Wagner 的 `libfacerec` 贡献，OpenCV v2.4.1 提供了 `cv::Algorithm` 作为一种简单而通用的方法，可以从几种不同的算法（甚至在运行时可以选择）中任选一种来执行人脸识别，而无须了解它们的实现方式。你可以使用 `Algorithm::getList()` 函数在你的 OpenCV 版本中找到可用的算法，代码如下：

```
vector<string> algorithms;
Algorithm::getList(algorithms);
cout << "Algorithms: " << algorithms.size() << endl;
for (auto& algorithm:algorithms) {
  cout << algorithm << endl;
}
```

以下是 OpenCV v2.4.1 中提供的三种人脸识别算法：

- `FaceRecognizer.Eigenfaces`：Eigenfaces 也称为 PCA，1991 年由 Turk 和 Pentland 首次使用
- `FaceRecognizer.Fisherfaces`：Fisherfaces 也称为 LDA，由 Belhumeur、Hespanha 和 Kriegman 于 1997 年发明
- `FaceRecognizer.LBPH`：局部二值模式直方图，由 Ahonen、Hadid 和 Pietikäinen 于 2004 年发明

有关这些人脸识别算法实现的更多信息，可以在 Philipp Wagner 的网站上找到相关文档、示例以及对应的 Python 代码（http://bytefish.de/blog 和 http://bytefish.de/dev/libfacerec/）。

这些人脸识别算法可以通过 openCV 的 contrib 模块中的 FaceRecognizer 类获得。由于是动态链接库，你的程序有可能链接到 contrib 模块，但实际上并未在运行时加载（如果它被认为不是必需的）。因此，建议在尝试访问 FaceRecognizer 算法之前调用 cv::initModule_contrib() 函数。此函数自 OpenCV v2.4.1 之后才有效，用于确保在编译时即可使用人脸识别算法：

```
// Load the "contrib" module is dynamically at runtime.
bool haveContribModule = initModule_contrib();
if (!haveContribModule) {
  cerr << "ERROR: The 'contrib' module is needed for ";
  cerr << "FaceRecognizer but hasn't been loaded to OpenCV!";
  cerr << endl;
  exit(1);
}
```

要使用其中一种人脸识别算法，我们必须先使用 cv::Algorithm::create<FaceRecognizer>() 函数创建一个 FaceRecognizer 对象。我们将人脸识别算法的名称作为字符串传递给这个 create 函数。如果 OpenCV 版本中有这种算法，我们就可以访问它。因此，它可以用作运行时错误检查，以确保用户拥有 OpenCV v2.4.1 或更新版本。这方面的一个例子如下：

```
string facerecAlgorithm = "FaceRecognizer.Fisherfaces";
Ptr<FaceRecognizer> model;
// Use OpenCV's new FaceRecognizer in the "contrib" module:
model = Algorithm::create<FaceRecognizer>(facerecAlgorithm);
if (model.empty()) {
  cerr << "ERROR: The FaceRecognizer [" << facerecAlgorithm;
  cerr << "] is not available in your version of OpenCV. ";
  cerr << "Please update to OpenCV v2.4.1 or newer." << endl;
  exit(1);
}
```

加载 FaceRecognizer 算法后，我们只需使用收集的人脸数据调用 FaceRecognizer::train() 函数，如下所示：

```
// Do the actual training from the collected faces.
model->train(preprocessedFaces, faceLabels);
```

这一行代码将运行你选择的全部人脸识别训练算法（例如，Eigenfaces，Fisherfaces

或其他可能的算法）。如果你总共只有几个人，不到 20 张的人脸图像，那么这个训练会很快结束，但是如果你有许多人、很多张的人脸图像，那么 `train()` 函数可能需要几秒钟甚至几分钟来得出结果。

5.1.3.3　查看学到的数据

虽然此部分并非必要，但查看人脸识别算法在学习训练数据时生成的内部数据结构仍然非常有用，特别是当你想了解所选算法背后的理论、想验证它是否有效或者找出它为什么不像你所希望的那样工作时都非常有用。对于不同的算法，内部数据结构可能是不同的，但幸运的是，对于 Eigenfaces 和 Fisherfaces，它们相同。因而让我们看看这两个中的一种数据结构即可。它们都是基于一维特征向量矩阵的，当被视为二维图像时，这些特征向量会看起来有点像人脸；因此，在使用 Eigenface 算法时，通常这些特征向量被称为特征脸（Eigenfaces），当使用 Fisherface 算法时则被称为 Fisherfaces。

简言之，Eigenfaces 的基本原理是计算一组特定图像（特征脸）和混合比（特征值），当以不同的方式组合时，可以生成训练集中的每个图像，但也可以用来区分训练集中的许多面部图像。例如，如果训练集中的一些脸有小胡子，而有些脸没有，那么至少会有一个显示小胡子的特征脸，因此具有小胡子的训练脸将具有该特征脸的高混合比，表明它们含有小胡子，而没有小胡子的脸对于那个特征向量将具有低混合比。

如果训练集中有 5 个人，每个人有 20 张脸的数据，那么将会有 100 个特征脸和 100 个的特征值来区分这个训练集中的 100 张脸。实际上会对特征值进行排序，因此前几个特征脸和特征值将是关键的分类器，最后几个特征值及特征脸只代表随机的像素噪声，这些噪声在本质上对区分数据没有帮助。因此，通常的做法是丢弃靠后的特征脸，只保留前 50 个左右的特征脸。

相比之下，Fisherfaces 算法的基本原理是不针对训练集中的每幅图像计算一个特殊的特征向量和特征值，而是针对每个人只计算一个特殊的特征向量和特征值。在上面的例子中，有 5 个人，每个人有 20 张脸，特征脸算法会用到 100 个特征脸和特征值，而 Fisherfaces 算法只会用到 5 个 Fisherfaces 和特征值。

为了访问 Eigenfaces 和 Fisherfaces 算法的内部数据结构，我们必须使用 cv::Algorithm::get() 函数在运行时获取它们，因为在编译时无法访问它们。数据结构在内部用作数学计算的一部分，而不是用于图像处理，因此它们通常存储为浮点数，介于 0.0 和 1.0 之间，而非类似于常规图像中的像素的 0 到 255 之间的 8 位 uchar 像素。此外，特征数据要么是一维行或列矩阵，要么是构成较大矩阵的多个行或多个列。因此，在显示这些内部数据结构之前，必须将其重塑为正确的矩形形状，并将其转换为 0 到 255 之间的 8 位 uchar 像素。由于矩阵数据的范围可能是 0.0 到 1.0，或者 −1.0 到 1.0，或者其他任何值，你可以使用 cv::normalize() 函数和 cv::NORM_MINMAX 选项，这样无论输入范围是什么，都可确保输出的数据范围在 0 到 255 之间。让我们创建一个函数来执行这个矩形的重塑，以及 8 位像素的转换，如下所示：

```
// Convert the matrix row or column (float matrix) to a
// rectangular 8-bit image that can be displayed or saved.
// Scales the values to be between 0 to 255.
Mat getImageFrom1DFloatMat(const Mat matrixRow, int height)
{
  // Make a rectangular shaped image instead of a single row.
  Mat rectangularMat = matrixRow.reshape(1, height);
  // Scale the values to be between 0 to 255 and store them
  // as a regular 8-bit uchar image.
  Mat dst;
  normalize(rectangularMat, dst, 0, 255, NORM_MINMAX,
    CV_8UC1);
  return dst;
}
```

我们可以使用 ImageUtils.cpp 和 ImageUtils.h 文件，这样可以很容易地显示关于 cv::Mat 结构的信息，更加容易调试 OpenCV 代码中的 cv::Algorithm 数据结构，示例如下：

```
Mat img = ...;
printMatInfo(img, "My Image");
```

你将在控制台上看到与以下内容类似的内容：

```
My Image: 640w480h 3ch 8bpp, range[79,253][20,58][18,87]
```

这说明图像宽 640，高 480（即 640 × 480 图像或 480 × 640 矩阵，取决于你如何查看），每个像素有三个 8 位通道（即常规的 BGR 图像），它显示图像中每个颜色通道的最小值和最大值。

> 也可使用 `printMat()` 函数而不是 `printMatInfo()` 函数来打印图像或矩阵的实际内容。这对于查看矩阵和多通道浮点矩阵非常方便，因为对于初学者来说有可能不知道如何察看内容。
>
> `ImageUtils` 代码主要用于 OpenCV 的 C 接口，但随着时间的推移，它逐渐包含了更多的 C++ 接口。最新的版本可以在 http://shervinemami.info/openCV.html 中找到。

5.1.3.4　平均脸

Eigenfaces 算法和 Fisherfaces 算法都首先计算出所有训练图像的算数平均值以生成平均脸。这样，就可以从每个面部图像中减去平均图像，得到更好的人脸识别结果。下面介绍从训练集中查看平均脸。在 Eigenfaces 和 Fisherfaces 实现中，平均脸命名为 `mean`，如下所示：

```
Mat averageFace = model->get<Mat>("mean");
printMatInfo(averageFace, "averageFace (row)");
// Convert a 1D float row matrix to a regular 8-bit image.
averageFace = getImageFrom1DFloatMat(averageFace, faceHeight);
printMatInfo(averageFace, "averageFace");
imshow("averageFace", averageFace);
```

你现在应该在屏幕上看到一个平均脸图像，类似于下面的（放大的）照片，这是男人、女人和婴儿的脸部组合。读者还可以从控制台上看到类似的文本：

```
averageFace (row): 4900w1h 1ch 64bpp, range[5.21,251.47]
averageFace: 70w70h 1ch 8bpp, range[0,255]
```

图像显示如下：

注意，averageFace（row）是一个 64 位浮点的单行矩阵，而 averageFace 是一个 8 位像素的矩形图像，覆盖了从 0 到 255 的整个范围。

5.1.3.5　特征值、Eigenfaces 和 Fisherfaces

让我们查看特征值中的实际值，如下所示：

```
Mat eigenvalues = model->get<Mat>("eigenvalues");
printMat(eigenvalues, "eigenvalues");
```

对于 Eigenfaces，每个脸有一个特征值，所以如果我们有三个人，每个人有四个脸，我们得到一个列向量，其中 12 个特征值从最好到最差依次排序如下：

```
eigenvalues: 1w18h 1ch 64bpp, range[4.52e+04,2.02836e+06]
2.03e+06
1.09e+06
5.23e+05
4.04e+05
2.66e+05
2.31e+05
1.85e+05
1.23e+05
9.18e+04
7.61e+04
6.91e+04
4.52e+04
```

对于 Fisherfaces，每个人只有一个特征值，所以如果有三个人，每个人有四幅人脸图像，我们将得到一个具有两个特征值的行向量，如下所示：

```
eigenvalues: 2w1h 1ch 64bpp, range[152.4,316.6]
317, 152
```

若要查看特征向量（对特征脸或 Fisherface 图像），必须从大特征向量矩阵中将其提取为列向量。由于 OpenCV 和 C/C++ 中的数据通常按行顺序存储在矩阵中，这意味着要提取列，应该使用 `Mat::clone()` 函数来确保数据连续，否则我们不能将数据重塑为一个矩形。一旦我们有了一个连续的列 `Mat`，我们就可以使用 `getImageFrom1DFloatMat()` 函数显示特征向量，正如我们对平均脸所做的那样：

```
// Get the eigenvectors
 Mat eigenvectors = model->get<Mat>("eigenvectors");
 printMatInfo(eigenvectors, "eigenvectors");

 // Show the best 20 Eigenfaces
 for (int i = 0; i < min(20, eigenvectors.cols); i++) {
   // Create a continuous column vector from eigenvector #i.
   Mat eigenvector = eigenvectors.col(i).clone();

   Mat eigenface = getImageFrom1DFloatMat(eigenvector,
     faceHeight);
   imshow(format("Eigenface%d", i), eigenface);
 }
```

下面的屏幕截图将特征向量显示为图像。你可以看到，对于有四个面孔的三个人，有 12 个特征脸（屏幕截图的左侧）或两个 Fisherfaces（屏幕截图的右侧）：

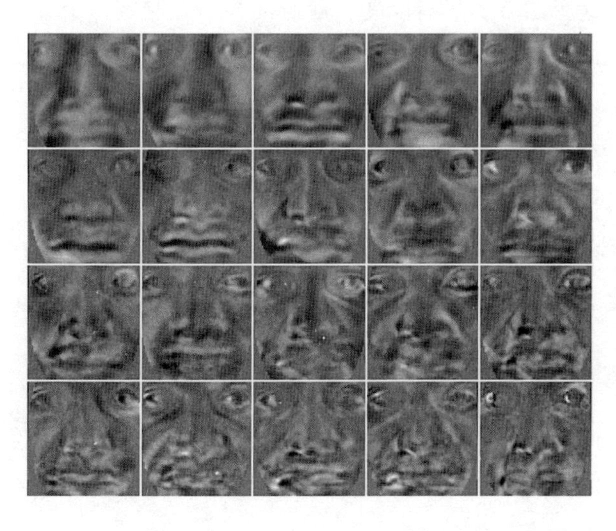
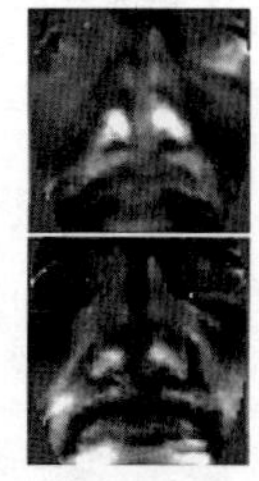

请注意，Eigenfaces 和 Fisherfaces 似乎与某些面部特征有相似之处，但它们看起来非真实的人脸。它们已减去了平均面，因此显示为每个人脸与平均脸的差异。编号显示它是哪一个特征脸，因为它们已按最显著的特征脸到最不显著的特征脸排序，如果你有 50 个或更多的特征脸，那么后面的特征脸通常只会显示随机图像噪声，因此应该丢弃。

5.1.4　人脸识别

现在，我们已经用我们的一组训练图像和面部标签训练了特征脸或 Fisherfaces 机器学习算法，我们终于可以从面部图像中找出一个人是谁了！最后一步是人脸识别。

5.1.4.1　人脸识别——从人脸来识别这个人

感谢 OpenCV 提供的 `FaceRecognizer` 类，我们可以通过简单调用 `FaceRecognizer::predict()` 函数来识别照片中的人：

```
int identity = model->predict(preprocessedFace);
```

这个 `identity` 的值将是我们在收集人脸进行训练时最初使用的标签号，例如，零号是第一个人，1 号是第二个人，等等。

这种识别的问题在于，即使输入的照片是未知的人或汽车，它也总能预测一个值，并告诉你它是哪一个人。这个结果明显有问题！解决的办法是制定一个置信度阈值，即结论是否可靠？一旦置信度太低，我们就认为它是一个未知的人。

5.1.4.2　人脸验证——确认它是要找的人

为了确认预测结果是可靠，或者说能否正确地认出那是个不认识的人，我们需要进行**人脸验证**（也称为**人脸认证**），以获得一个置信度值，该置信度会说明用户想要找的人与某个人脸图像的相似度（与人脸识别的过程相反，此过程将一张图像与多个人脸图像进行比较）。

当调用 `predict()` 函数时，OpenCV 的 `FaceRecognizer` 类可以返回一个置信度，但不幸的是，置信度仅基于特征子空间中的距离而得出，因此可靠性差。我们将使用特征向量和特征值重建人脸图像，并将此重建图像与输入图像进行比较。如果一个人的多张人脸图像都包含在训练集中，那么使用学习到的特征向量和特征值来重建它应该有相当好的效果，但如果这个人在训练集中没有任何人脸图像（或者该测试图像没有与任何训练集的图像有相似的灯光和面部表情），那么重建的脸将与输入的脸看起来非常不同，这表明它可能是一张未知人脸。

还记得我们之前说过，特征脸和 Fisherfaces 算法是基于这样的概念：图像可以粗略地表示为一组特征向量（特殊的人脸图像）和特征值（混合比例）。因此，如果我们将所有特征向量与来自训练集中的一个人脸的特征值组合，那么我们应该获得该原始训练图像的相当接近的人脸图像。这同样适用于训练集中相似的其他图像；因此，如果我们将训练后的特征向量与来自相似测试图像的特征值结合起来，我们应该能够重建出测试图像在某种程度的副本图像。

按图索骥，OpenCV 的 `FaceRecognizer` 类让从任何输入图像生成重构人脸变得非常容易：可通过使用 `subspaceProject()` 函数投影到特征空间，再通过 `subspaceReconstruct()` 函数从特征空间重构图像。这里还有一个要点是：需要将一个浮点型的行矩阵转换成一个 8 位的矩形图像（就像显示平均脸、特征脸时所做的那样），但不需要归一化数据，因为它已经非常适合与原始图像进行比较了。如果归一化数据，则会得到与输入图像不同的亮度和对比度，仅仅使用基于 L2 的相对误差来比较图像的相似度就会变得很困难。重构人脸图像的具体实现如下：

```
// Get some required data from the FaceRecognizer model.
Mat eigenvectors = model->get<Mat>("eigenvectors");
Mat averageFaceRow = model->get<Mat>("mean");
// Project the input image onto the eigenspace.
Mat projection = subspaceProject(eigenvectors, averageFaceRow,
  preprocessedFace.reshape(1,1));

// Generate the reconstructed face back from the eigenspace.
Mat reconstructionRow = subspaceReconstruct(eigenvectors,
  averageFaceRow, projection);

// Make it a rectangular shaped image instead of a single row.
Mat reconstructionMat = reconstructionRow.reshape(1,
  faceHeight);
```

```
// Convert the floating-point pixels to regular 8-bit uchar.
Mat reconstructedFace = Mat(reconstructionMat.size(), CV_8U);
reconstructionMat.convertTo(reconstructedFace, CV_8U, 1, 0);
```

下面的截图显示了两个典型的重建人脸。左边的人脸重建得很好，因为它来自一个已知的人，而右边的脸重建得很差，因为它来自一个未知的人，或者它虽然也在训练集中，但其照明条件 / 面部表情 / 面部方向与其他图像相差极大：

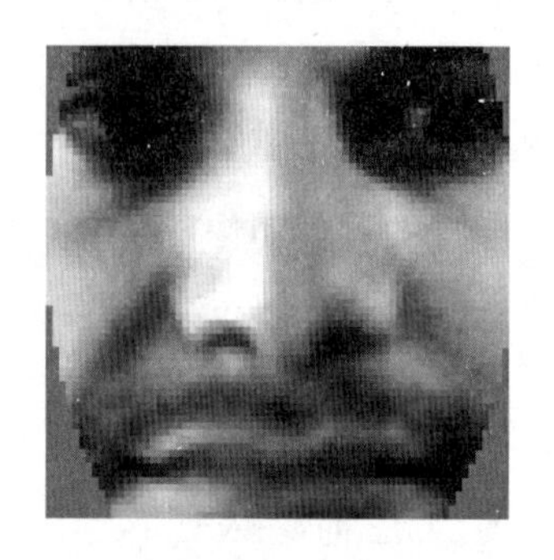

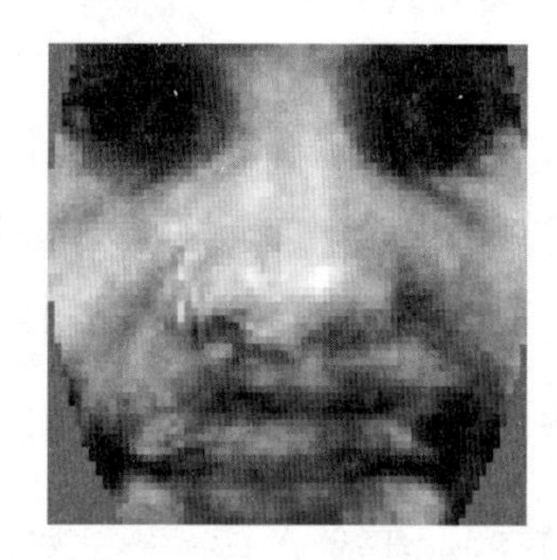

现在，我们可以使用前面创建的 getSimilarity() 函数来比较两幅图像，从而计算重构后的人脸与输入人脸的相似程度，若值小于 0.3 则意味着这两幅图像非常相似。对于特征脸算法，每张脸都有一个特征向量，因此重建效果往往很好，我们通常可以使用 0.5 的阈值；但对于 Fisherfaces 算法而言，每个人只有一个特征向量，重建效果较差，因此需要更高的阈值，比如 0.7。具体示例如下：

```
similarity = getSimilarity(preprocessedFace, reconstructedFace);
if (similarity > UNKNOWN_PERSON_THRESHOLD) {
  identity = -1;    // Unknown person.
}
```

现在，你只需将身份信息打印到控制台上，或者其他你想用它的地方！注意，只有在训练条件相同的情况下，此人脸识别方法和此人脸验证方法才可靠。因此，为了获得良好的识别精度，需要确保每个人的训练集涵盖所希望测试的全部照明条件、面部表情和角度。面部预处理阶段有助于减少与照明条件和平面内旋转的一些差异（如果人的头向左肩或右肩倾斜），但对于其他差异，如平面外旋转（如果人的头向左侧或右侧转动），只有当其被覆盖时，它才起作用。

5.1.5　收尾工作——保存和加载文件

你可以添加一个方法，用命令行来处理输入文件并将其保存到磁盘，甚至可以作为 Web 服务执行人脸检测、人脸预处理和人脸识别。对于这些类型的项目，使用 FaceRecognizer 类的保存和加载函数实现你的要求。你可以保存训练后的数据，然后在程序启动时加载它。

将经过训练的模型保存为 XML 或 YML 文件非常简单，如下所示：

```
model->save("trainedModel.yml");
```

如果以后要向训练集中添加更多数据，那么可能还需要保存预处理后的人脸和标签数组。

例如，下面是一些示例代码，用于从文件加载训练模型。请注意，必须指定人脸识别算法，它将用于创建训练模型（例如 FaceRecognizer.Eigenfaces 或 FaceRecognizer.Fisherfaces）：

```
string facerecAlgorithm = "FaceRecognizer.Fisherfaces";
model = Algorithm::create<FaceRecognizer>(facerecAlgorithm);
Mat labels;
try {
  model->load("trainedModel.yml");
  labels = model->get<Mat>("labels");
} catch (cv::Exception &e) {}
if (labels.rows <= 0) {
  cerr << "ERROR: Couldn't load trained data from "
          "[trainedModel.yml]!" << endl;
  exit(1);
}
```

5.1.6　收尾工作——制作一个漂亮的、交互体验好的 GUI

虽然本章中给出的代码对于整个人脸识别系统已经足够了，但是仍然需要有一种方法将数据放入系统并使用它。许多用于研究的人脸识别系统理所当然地把文本文件作为输入，列出存储在计算机上的静态图像文件的位置，以及其他重要数据（例如人的真实姓名或身份），以及可能是人脸区域的真实像素坐标（比如面部和眼睛中心的基准位置）。

这些信息要么由人工收集，要么由另一个人脸识别系统收集。

然后，理想的输出也同样是一个文本文件，将识别结果与基准值进行比较，从而获得将人脸识别系统与其他人脸识别系统进行比较的统计数据。

然而，由于本章中的人脸识别系统是为学习和娱乐的目的而设计的，并不是要与最新的研究方法进行竞争，所以一个易于使用的 GUI 就很有用了，这样就可以从摄像头实时交互地收集、训练和测试人脸。因此，本节将向你展示一个提供这些特性的交互式 GUI。读者可以使用本书附带的 GUI，也可以根据自己的目的对其进行修改，或者忽略这个 GUI，自行设计 GUI 来执行你学到的人脸识别技术。

由于我们需要 GUI 来执行多个功能，让我们创建一组多个状态的 GUI，通过按钮或鼠标单击，用户可以更改模式：

- **启动**：此状态加载并初始化数据和摄像头。
- **检测**：此状态检测人脸，并在预处理后显示出来，直到用户单击 Add Person 按钮。
- **采集**：此状态采集当前人员的人脸，直到用户单击窗口中的任何位置结束。它还显示人员的最新人脸。用户单击现有任意人员或 Add Person 按钮来采集不同人员的人脸。
- **训练**：在这种状态下，系统利用现有采集的人脸进行训练。
- **识别**：将被识别的人高亮显示出来，并显示一个置信度表。用户单击任意一人或 Add Person 按钮返回模式 2（采集）。

用户可以随时在窗口中按〈Esc〉键退出程序。我们还可以添加一个 Delete All 按钮来清除旧数据，并重新启动新的人脸识别系统，以及一个 Debug 按钮来切换是否显示额外调试信息。我们可以创建一个枚举类型的状态变量来显示当前模式。

5.1.6.1　绘制 GUI 元素

要在屏幕上显示当前模式，让我们创建一个函数来方便绘制文本。OpenCV 附带了

cv::putText() 函数，该函数能使用多种字体并且抗锯齿，但是，要将文本放在指定位置可能还是比较困难的。好在，还有一个 cv::getTextSize() 函数来计算文本的包围框，因此我们可以把它们封装成一个函数，以便更容易地放置文本。

我们希望能够将文本放置在窗口的任何边缘，确保它是完全可见的，并且支持换行显示。因此，这里有一个封装函数，允许你指定左对齐或右对齐，以及上对齐或下对齐，并返回包围框，以便我们可以轻松地在窗口的任何角落或边缘绘制多行文本：

```
// Draw text into an image. Defaults to top-left-justified
// text, so give negative x coords for right-justified text,
// and/or negative y coords for bottom-justified text.
// Returns the bounding rect around the drawn text.
Rect drawString(Mat img, string text, Point coord, Scalar
  color, float fontScale = 0.6f, int thickness = 1,
  int fontFace = FONT_HERSHEY_COMPLEX);
```

现在要在 GUI 上显示当前模式，由于窗口的背景由相机输入，如果直接在输入上绘制文本，则很有可能与相机背景的颜色相同！所以，让我们加画一个黑色文本阴影，它与我们想要画的前景文本只差一个像素。让我们在它下面再画一条下划线，以便用户知道要遵循的步骤。下面是一个使用 drawString() 函数绘制文本的例子：

```
string msg = "Click [Add Person] when ready to collect faces.";
// Draw it as black shadow & again as white text.
float txtSize = 0.4;
int BORDER = 10;
drawString (displayedFrame, msg, Point(BORDER, -BORDER-2),
  CV_RGB(0,0,0), txtSize);
Rect rcHelp = drawString(displayedFrame, msg, Point(BORDER+1,
  -BORDER-1), CV_RGB(255,255,255), txtSize);
```

以下部分屏幕截图显示了界面窗口底部的模式和信息，这些覆盖在摄像头图像的顶部：

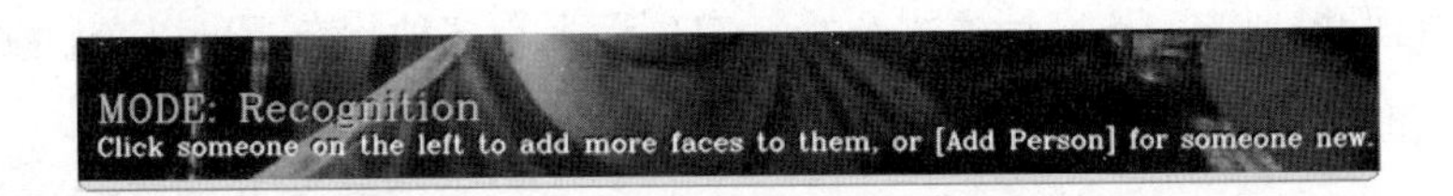

前面提到，我们需要一些 GUI 按钮，因此让我们创建一个函数来轻松绘制一个 GUI 按钮，如下所示：

```
// Draw a GUI button into the image, using drawString().
// Can give a minWidth to have several buttons of same width.
// Returns the bounding rect around the drawn button.
Rect drawButton(Mat img, string text, Point coord,
  int minWidth = 0)
{
  const int B = 10;
  Point textCoord = Point(coord.x + B, coord.y + B);
  // Get the bounding box around the text.
  Rect rcText = drawString(img, text, textCoord,
    CV_RGB(0,0,0));
  // Draw a filled rectangle around the text.
  Rect rcButton = Rect(rcText.x - B, rcText.y - B,
    rcText.width + 2*B, rcText.height + 2*B);
  // Set a minimum button width.
  if (rcButton.width < minWidth)
    rcButton.width = minWidth;
  // Make a semi-transparent white rectangle.
  Mat matButton = img(rcButton);
  matButton += CV_RGB(90, 90, 90);
  // Draw a non-transparent white border.
  rectangle(img, rcButton, CV_RGB(200,200,200), 1, LINE_AA);

  // Draw the actual text that will be displayed.
  drawString(img, text, textCoord, CV_RGB(10,55,20));

  return rcButton;
}
```

现在，我们使用 drawButton ( ) 函数创建了几个可点击的 GUI 按钮。它将始终显示在 GUI 的左上角，如以下部分屏幕截图所示：

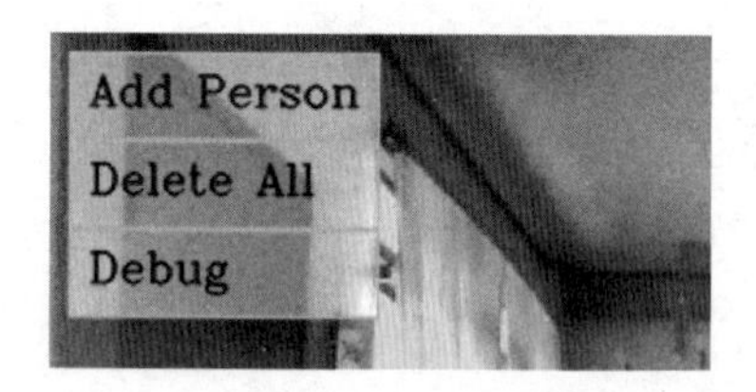

正如我们所提到的，从启动模式开始，GUI 程序有多种状态，可以在启动状态开始，相互间切换（作为有限状态机）。我们将当前状态存储在 m_mode 变量中。

启动模式

在启动模式下，我们只需加载 XML 检测器文件来检测人脸和眼睛，并初始化摄像头（已经介绍过了）。我们还将创建一个主 GUI 窗口，它带有鼠标回调函数，每当用户在窗口中移动或单击鼠标时，OpenCV 都会调用该函数。也可能需要将相机分辨率设置为合理的值，例如，640 × 480（如果相机支持）。具体如下：

```
// Create a GUI window for display on the screen.
namedWindow(windowName);

// Call "onMouse()" when the user clicks in the window.
setMouseCallback(windowName, onMouse, 0);

// Set the camera resolution. Only works for some systems.
videoCapture.set(CAP_PROP_FRAME_WIDTH, 640);
videoCapture.set(CAP_PROP_FRAME_HEIGHT, 480);

// We're already initialized, so let's start in Detection mode.
m_mode = MODE_DETECTION;
```

检测模式

在检测模式下，我们要不断地检测人脸和眼睛，在人脸和眼睛周围画出矩形或圆形，以显示检测结果，并显示当前预处理的人脸，事实上，无论我们处于哪种模式，我们都希望显示这些。检测模式唯一的特殊之处是，当用户单击 Add person 按钮时，它将更改为下一个模式（采集）。

回顾一下，在本章中，检测阶段的输出如下：

- `Mat preprocessedFace`：预处理后的人脸（如果检测到人脸和眼睛）
- `Rect faceRect`：检测到的脸部区域坐标
- `Point leftEye, rightEye`：检测到的左右眼中心坐标

因此，我们应该检查是否返回了预处理后的人脸，如果检测到人脸和眼睛，则在人脸和眼睛周围画一个矩形包围它们，如下所示：

```
bool gotFaceAndEyes = false;
if (preprocessedFace.data)
  gotFaceAndEyes = true;

if (faceRect.width > 0) {
  // Draw an anti-aliased rectangle around the detected face.
```

```
    rectangle(displayedFrame, faceRect, CV_RGB(255, 255, 0), 2,
      CV_AA);

    // Draw light-blue anti-aliased circles for the 2 eyes.
    Scalar eyeColor = CV_RGB(0,255,255);
    if (leftEye.x >= 0) {   // Check if the eye was detected
      circle(displayedFrame, Point(faceRect.x + leftEye.x,
        faceRect.y + leftEye.y), 6, eyeColor, 1, LINE_AA);
    }
    if (rightEye.x >= 0) {   // Check if the eye was detected
      circle(displayedFrame, Point(faceRect.x + rightEye.x,
        faceRect.y + rightEye.y), 6, eyeColor, 1, LINE_AA);
    }
}
```

我们将当前预处理的人脸显示在窗口的顶部正中，如下所示：

```
int cx = (displayedFrame.cols - faceWidth) / 2;
if (preprocessedFace.data) {
  // Get a BGR version of the face, since the output is BGR.
  Mat srcBGR = Mat(preprocessedFace.size(), CV_8UC3);
  cvtColor(preprocessedFace, srcBGR, COLOR_GRAY2BGR);

  // Get the destination ROI.
  Rect dstRC = Rect(cx, BORDER, faceWidth, faceHeight);
  Mat dstROI = displayedFrame(dstRC);

  // Copy the pixels from src to dst.
  srcBGR.copyTo(dstROI);
}
// Draw an anti-aliased border around the face.
rectangle(displayedFrame, Rect(cx-1, BORDER-1, faceWidth+2,
  faceHeight+2), CV_RGB(200,200,200), 1, LINE_AA);
```

以下屏幕截图显示了处于检测模式时显示的 GUI。预处理后的人脸显示在顶部正中，框选出了检测到的人脸和眼睛，如下图：

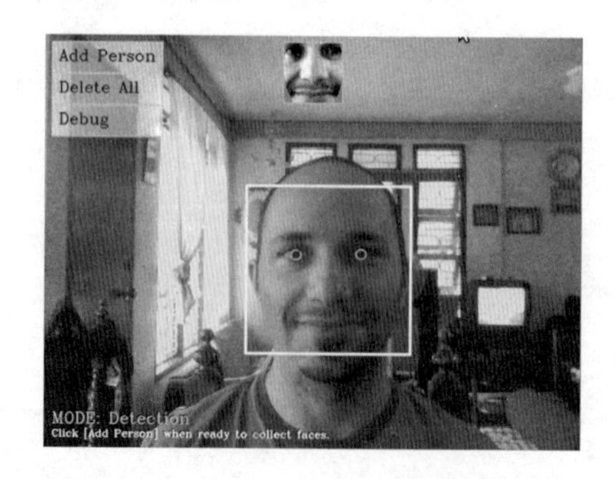

采集模式

当用户单击 Add Person 按钮时，他进入采集模式，以表示他希望开始采集新人员的人脸。如前所述，将人脸采集限制为每秒一个人脸，并且，仅当它与先前采集的人脸明显不同时才会被采集。记住，我们不仅要采集预处理过的人脸，还要采集预处理后的人脸镜像。

在采集模式中，我们希望显示每个已知人员的最新人脸，当用户单击其中一个人时就向其添加更多人脸，或者单击 Add Person 按钮向采集库中添加新人员。用户必须单击窗口中间的某个位置，才能继续进入下一个模式（训练模式）。

所以，首先我们需要保存对每个人的最新人脸的引用。我们将通过更新 m_latestFaces 整数数组来实现这一点，该数组是一个更大的 preprocessedFaces 数组（即所有人的所有人脸的集合）中的每个人的数组索引。由于镜像人脸也存储在该数组中，所以我们希望引用倒数第二张人脸，而不是最后一张人脸。此代码应追加到向 preprocessedFaces 数组添加新人脸（和镜像人脸）的代码的后面：

```
// Keep a reference to the latest face of each person.
m_latestFaces[m_selectedPerson] = preprocessedFaces.size() - 2;
```

请注意，每当添加或删除新用户时（例如，由于用户单击 Add person 按钮），总是要增长或缩短 m_latestFaces 数组。现在，让我们将采集到的每个人的最新人脸显示在窗口的右侧（在采集模式和后面的识别模式下），如下所示：

```
m_gui_faces_left = displayedFrame.cols - BORDER - faceWidth;
m_gui_faces_top = BORDER;
for (int i=0; i<m_numPersons; i++) {
  int index = m_latestFaces[i];
  if (index >= 0 && index < (int)preprocessedFaces.size()) {
    Mat srcGray = preprocessedFaces[index];
    if (srcGray.data) {
      // Get a BGR face, since the output is BGR.
      Mat srcBGR = Mat(srcGray.size(), CV_8UC3);
      cvtColor(srcGray, srcBGR, COLOR_GRAY2BGR);

      // Get the destination ROI
      int y = min(m_gui_faces_top + i * faceHeight,
```

```
            displayedFrame.rows - faceHeight);
            Rect dstRC = Rect(m_gui_faces_left, y, faceWidth,
            faceHeight);
            Mat dstROI = displayedFrame(dstRC);

            // Copy the pixels from src to dst.
            srcBGR.copyTo(dstROI);
        }
    }
}
```

我们还希望突出显示当前正在采集的人，使用一个粗的红色边框框选出他的脸。具体如下：

```
if (m_mode == MODE_COLLECT_FACES) {
  if (m_selectedPerson >= 0 &&
    m_selectedPerson < m_numPersons) {
    int y = min(m_gui_faces_top + m_selectedPerson *
    faceHeight, displayedFrame.rows - faceHeight);
    Rect rc = Rect(m_gui_faces_left, y, faceWidth, faceHeight);
    rectangle(displayedFrame, rc, CV_RGB(255,0,0), 3, LINE_AA);
  }
}
```

下面的部分屏幕截图显示了采集了几个人的人脸时的典型图像。用户可以单击右上角的任何人，为该人采集更多人脸：

训练模式

最终，当用户点击窗口中间时，人脸识别算法将对所有收集到的人脸进行训练。但最重要的是，要确保收集了足够多的人脸或人员，否则程序可能会崩溃。一般来说，只需要确保训练集中至少有一张人脸（这意味着，至少有一个人）。但是 Fisherfaces 算法寻找并进行人与人之间的比较，因此如果训练集中少于两个人，它也会崩溃。因此，我们必须检查所选的人脸识别算法是否是 Fisherfaces。如果是，那么我们需要至少两个人的人脸，否则至少需要一张人脸。如果没有足够的数据，那么程序将返回到采集模式，以便用户可以在训练之前添加更多的人脸。

要检查是否采集到了至少两个人的脸，我们需要确保用户单击了 Add Person 按钮，并且有人脸的时候（即添加过但还没有采集到人脸的人）时才会添加新的人，如果只有两个人，并且我们使用的是 Fisherfaces 算法，那么我们必须确保在收集模式中为最后一个人设置了一个 `m_latestFaces` 引用。当新人还没有添加任何人脸时，`m_latestFaces[i]` 会被初始化为 `-1`，一旦为该人添加了人脸，它会变为 `0` 或更大的值。具体如下：

```
// Check if there is enough data to train from.
bool haveEnoughData = true;
if (!strcmp(facerecAlgorithm, "FaceRecognizer.Fisherfaces")) {
  if ((m_numPersons < 2) ||
  (m_numPersons == 2 && m_latestFaces[1] < 0) ) {
    cout << "Fisherfaces needs >= 2 people!" << endl;
    haveEnoughData = false;
  }
}
if (m_numPersons < 1 || preprocessedFaces.size() <= 0 ||
  preprocessedFaces.size() != faceLabels.size()) {
  cout << "Need data before it can be learnt!" << endl;
  haveEnoughData = false;
}

if (haveEnoughData) {
  // Train collected faces using Eigenfaces or Fisherfaces.
  model = learnCollectedFaces(preprocessedFaces, faceLabels,
          facerecAlgorithm);

  // Now that training is over, we can start recognizing!
  m_mode = MODE_RECOGNITION;
}
else {
  // Not enough training data, go back to Collection mode!
  m_mode = MODE_COLLECT_FACES;
}
```

训练可能只需一瞬间，也可能需要几秒甚至几分钟，这取决于采集的数据量。一旦人脸训练完成，人脸识别系统将自动进入识别模式。

识别模式

在识别模式中，在预处理的人脸旁边会显示置信度计，这让用户知道识别的可靠性。如果置信水平高于某个阈值，则会在被识别人周围绘制一个绿色矩形，以显示结果正确。如果用户单击 Add Person 按钮或某个现有人员，则可以添加更多的人脸用于进一步的训练，这会导致程序返回到采集模式。

如前所述，现在，我们已经重建人脸，识别了身份和相似性。为了显示置信度计，我们知道，高置信度的 L2 相似度值一般在 0 到 0.5 之间，低置信度的 L2 相似度值一般在 0.5 到 1.0 之间，所以我们可以用 1.0 来减去 L2 值，得到 0.0 到 1.0 之间的置信度。

然后，我们用置信水平作为比率绘制了一个填充矩形，如下所示：

```
int cx = (displayedFrame.cols - faceWidth) / 2;
Point ptBottomRight = Point(cx - 5, BORDER + faceHeight);
Point ptTopLeft = Point(cx - 15, BORDER);

// Draw a gray line showing the threshold for "unknown" people.
Point ptThreshold = Point(ptTopLeft.x, ptBottomRight.y -
  (1.0 - UNKNOWN_PERSON_THRESHOLD) * faceHeight);
rectangle(displayedFrame, ptThreshold, Point(ptBottomRight.x,
ptThreshold.y), CV_RGB(200,200,200), 1, CV_AA);

// Crop the confidence rating between 0 to 1 to fit in the bar.
double confidenceRatio = 1.0 - min(max(similarity, 0.0), 1.0);
Point ptConfidence = Point(ptTopLeft.x, ptBottomRight.y -
  confidenceRatio * faceHeight);

// Show the light-blue confidence bar.
rectangle(displayedFrame, ptConfidence, ptBottomRight,
  CV_RGB(0,255,255), CV_FILLED, CV_AA);

// Show the gray border of the bar.
rectangle(displayedFrame, ptTopLeft, ptBottomRight,
  CV_RGB(200,200,200), 1, CV_AA);
```

为了突出显示已识别的人，我们在其脸部周围绘制一个绿色矩形，如下所示：

```
if (identity >= 0 && identity < 1000) {
  int y = min(m_gui_faces_top + identity * faceHeight,
    displayedFrame.rows - faceHeight);
  Rect rc = Rect(m_gui_faces_left, y, faceWidth, faceHeight);
  rectangle(displayedFrame, rc, CV_RGB(0,255,0), 3, CV_AA);
}
```

以下部分屏幕截图显示了在识别模式下运行时的典型示例，在顶部中间显示了在预处理人脸旁边的置信度，并在右上角突出显示了已识别的人：

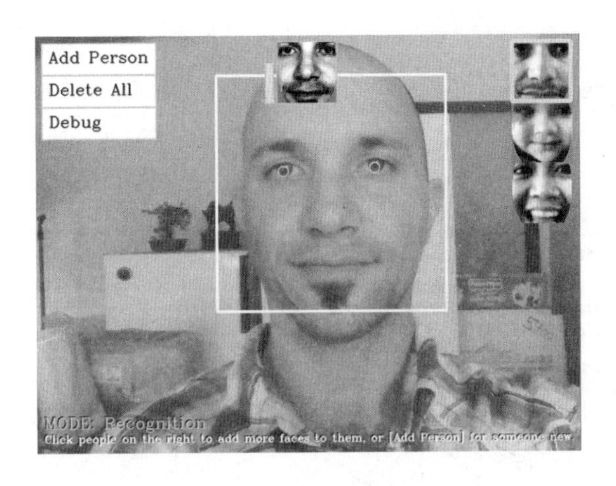

5.1.6.2　检查和处理鼠标点击

现在我们已经绘制了所有 GUI 元素，需要进一步处理鼠标事件。当初始化显示窗口时，需要告诉 OpenCV 我们想要一个鼠标事件的回调函数：onMouse。

我们不关心鼠标的移动，只关心鼠标的点击，所以首先我们跳过不是鼠标左键点击的鼠标事件，如下所示：

```
void onMouse(int event, int x, int y, int, void*)
{
  if (event != CV_EVENT_LBUTTONDOWN)
    return;

  Point pt = Point(x,y);

  ... (handle mouse clicks)
  ...
}
```

在绘制按钮时获得了绘制的矩形边界，我们只需调用 OpenCV 的 inside() 函数来检查鼠标单击位置是否在任何按钮区域中。现在，可以检查我们创建的每个按钮。

当用户单击 Add Person 按钮时，我们向 m_numPersons 变量加 1，在 m_latestFaces

变量中分配更多空间，选择要采集的新人员，然后开始采集模式（无论我们之前处于哪种模式）。

但有一个复杂的问题：为了确保我们在训练时每个人至少有一张脸，如果这个人没有任何人脸，就为这个新人分配空间。这将确保我们始终可以检查 m_latestFaces [m_numPersons-1] 的值，以查看是否每个人都至少采集到一张脸。具体做法如下：

```
if (pt.inside(m_btnAddPerson)) {
  // Ensure there isn't a person without collected faces.
  if ((m_numPersons==0) ||
     (m_latestFaces[m_numPersons-1] >= 0)) {
      // Add a new person.
      m_numPersons++;
      m_latestFaces.push_back(-1);
  }
  m_selectedPerson = m_numPersons - 1;
  m_mode = MODE_COLLECT_FACES;
}
```

此方法还可用于其他按钮单击的测试，如下切换调试标志：

```
else if (pt.inside(m_btnDebug)) {
  m_debug = !m_debug;
}
```

要处理 Delete All 按钮，我们需要清空主循环本地的各种数据结构（即，无法从鼠标事件回调函数来访问这些数据），因此我们更改为 Delete All 模式，然后可以从主循环内删除所有内容，我们还必须处理用户单击主窗口（即不是按钮）的情况。如果他单击了右侧的某个人，那么我们要选择该人并切换到采集模式。或者，如果他在采集模式下单击主窗口，那么我们希望切换到训练模式。具体如下：

```
else {
  // Check if the user clicked on a face from the list.
  int clickedPerson = -1;
  for (int i=0; i<m_numPersons; i++) {
    if (m_gui_faces_top >= 0) {
      Rect rcFace = Rect(m_gui_faces_left,
      m_gui_faces_top + i * faceHeight, faceWidth, faceHeight);
      if (pt.inside(rcFace)) {
        clickedPerson = i;
```

```
          break;
        }
      }
    }
    // Change the selected person, if the user clicked a face.
    if (clickedPerson >= 0) {
      // Change the current person & collect more photos.
      m_selectedPerson = clickedPerson;
      m_mode = MODE_COLLECT_FACES;
    }
    // Otherwise they clicked in the center.
    else {
      // Change to training mode if it was collecting faces.
      if (m_mode == MODE_COLLECT_FACES) {
          m_mode = MODE_TRAINING;
      }
    }
  }
```

5.2　小结

本章向你展示了创建实时人脸识别应用程序所需的所有步骤，通过足够的预处理，只需使用基本算法，就可以允许训练集条件和测试集条件之间存在一些差异。我们使用人脸检测来找到相机图像中的人脸位置，然后进行多种形式的人脸预处理，以减少不同照明条件、相机和人脸方向以及面部表情的影响。

然后，我们用收集到的预处理人脸训练 Eigenfaces 或 FisherFace 机器学习系统，最后我们进行了人脸识别，通过人脸验证来判断这个人是谁，在人员未知的情况下，提供了置信度来加以判断。

我们没有使用命令行工具来离线处理图像文件，而是将前面的所有步骤结合到一个独立的实时 GUI 程序中，以便实时使用人脸识别系统。你可以自行修改系统，例如允许在你的计算机上自动登录，或者如果你对提高识别率感兴趣，那么可以阅读有关人脸识别的最新进展的会议论文，以不断改进程序的每一步，直到它满足你的需求为止。例如，可以根据 http://www.facerec.org/algorithms/ 和 http://www.cvpapers.com 上的方法改进人脸预处理阶段，或者使用更高级的机器学习算法，或者甚至更好的人脸验证算法。

5.3 参考文献

- *Rapid Object Detection Using a Boosted Cascade of Simple Features, P. Viola and M.J. Jones, Proceedings of the IEEE Transactions on CVPR 2001, Vol. 1, pp. 511-518*
- *An Extended Set of Haar-like Features for Rapid Object Detection, R. Lienhart and J. Maydt, Proceedings of the IEEE Transactions on ICIP 2002, Vol. 1, pp. 900-903*
- *Face Description with Local Binary Patterns: Application to Face Recognition, T. Ahonen, A. Hadid and M. Pietikäinen, Proceedings of the IEEE Transactions on PAMI 2006, Vol. 28, Issue 12, pp. 2037-2041*
- *Learning OpenCV: Computer Vision with the OpenCV Library, G. Bradski and A. Kaehler, pp. 186-190, O'Reilly Media.*
- *Eigenfaces for recognition, M. Turk and A. Pentland, Journal of Cognitive Neuroscience 3, pp. 71-86*
- *Eigenfaces vs. Fisherfaces: Recognition using class specific linear projection, P.N. Belhumeur, J. Hespanha and D. Kriegman, Proceedings of the IEEE Transactions on PAMI 1997, Vol. 19, Issue 7, pp. 711-720*
- *Face Recognition with Local Binary Patterns, T. Ahonen, A. Hadid and M. Pietikäinen, Computer Vision - ECCV 2004, pp. 469-48*

CHAPTER 6

第6章

Web计算机视觉之初识OpenCV.js

本章介绍一种为Web开发计算机视觉算法的新方法。为万维网编写计算机视觉算法时，通常在服务器上要写一个C++程序，客户端通过Web服务器调用它。通过使用OpenCV.js，计算机视觉算法的方法不仅可以在服务器上运行，还可以运行在客户端的浏览器中。这些在客户端浏览器中执行的算法，给开发人员提供了更大的灵活性，并可利用其在客户端浏览器中运行代码的优势。

本章将介绍以下主题：

- 什么是OpenCV.js以及在客户端浏览器中运行代码的优势
- 开发图像处理的基本算法
- 在浏览器中使用视频或网络摄像头
- 使用OpenCV.js操作帧
- 使用OpenCV.js在Web浏览器中进行人脸检测

6.1 什么是OpenCV.js

OpenCV.js是OpenCV函数库的一个迁移库，它利用新的技术将OpenCV的C++代码编译成JavaScript。OpenCV利用Emscripten程序将C++函数编译成Asm.js或WebAssembly目标代码。Emscripten是一个LLVM-to-JavaScript编译器，它将**低级虚拟机（LLVM）**的位码（bitcode）编译成Asm.js或WebAssembly JavaScript，可以在任何新

的 Web 浏览器中执行。Emscripten 的工作原理如下：

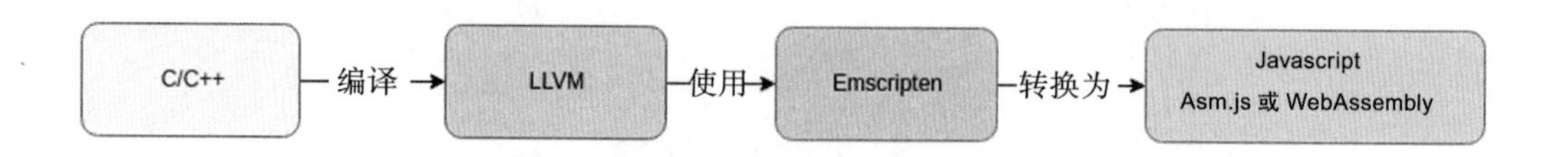

Web 应用程序的新特性的增加，以及允许开发人员访问网络摄像头等 Web HTML5 标定（如 WebGL 或 WebRTC）的加入，为新应用程序创造了新的可能。OpenCV 可以让 Web 开发人员用 OpenCV.js 开发出新的算法，给浏览器带来了更强大的功能。它通过计算机视觉算法，提供了新的应用可能，如：网络虚拟现实、网络增强现实、人脸检测和识别、图像处理等。

Asm.js 经过高度优化，其设计接近原生代码，速度达到了原生可执行应用程序的二分之一（取决于浏览器和计算机）。

Asm.js 是 JavaScript 的一个子集，比如有如下的 C++ 函数：

```
int f(int i) {
   return i + 1;
}
```

将会被转换为如下的 JavaScript 代码：

```
function f(i) {
  i = i|0;
  return (i + 1)|0;
}
```

WebAssembly 是一种新技术和 Web 标定，它定义了用于在 Web 页面中执行代码的二进制格式。它是 JavaScript 的补充，对必须像本机代码一样运行的应用程序进行加速。该技术是提高计算机视觉性能和将 OpenCV 移植到 JavaScript 的最佳选择。例如，参见下面的 C 代码：

```
int factorial(int n) {
  if (n == 0)
```

```
    return 1;
  else
    return n * factorial(n-1);
}
```

转化成二进制编码，如下：

```
20 00
50
04 7E
42 01
05
20 00
20 00
42 01
7D
10 00
7E
0B
```

这种生成 WebAssembly 的二进制编码能将类似 OpenCV.js 的大型文件压缩到尽可能小。通过用 WebAssembly 进行编译，速度上也进行了高度优化，能达到原生代码的三分之二。

不过，不在服务器上使用 C++ 程序，而在客户端浏览器中使用 OpenCV.js 到底有什么好处呢？好处之一在于：可轻松地将应用程序移植到任何操作系统，而无须在每个操作系统上进行编译。另一个非常有趣的好处是优化计算时间和成本，例如，假设你创建了一个 Web 应用程序，它需要检测并识别摄像头前的人，此算法需要计算 100ms，每秒有 1000 个用户使用它，那么我们就需要花费 100s 来处理 1000 个用户请求。如果我们并行放置 10 个进程来在 100ms 内进行回复，我们需要用 10 台服务器来获得快速回复。为了省钱，我们可以使用 OpenCV.js 将计算机视觉保留在客户端浏览器上，仅向服务器发送计算机视觉操作的结果即可。

6.2　编译 OpenCV.js

编译 OpenCV.js，需要安装 Emscripten。Emscripten 需要以下内容：

- Python 2.7
- Node.js
- cmake
- Java runtime

按照下面的说明安装这些依赖项：

```
# 安装    Python
sudo apt-get install python2.7

# 安装    node.js
sudo apt-get install nodejs

# 安装 CMmake（可选，仅用于测试和构建 Binaryen 项目）
sudo apt-get install cmake

# 安装 Java（可选，仅用于缩小 Closure Compiler）
sudo apt-get install default-jre
```

现在，我们必须从 GitHub 存储库下载 Emscripten：

```
# 获取 emsck repo
git clone https://github.com/juj/emsdk.git

# 进入该目录
cd emsdk
```

现在，我们需更新和安装 Emscripten 所需的环境变量，请在命令行中执行以下步骤：

```
# 下载并安装最新的 SDK 工具
./emsdk install latest

# 为当前用户激活“最新”SDK。（写 ~/.emscripten 文件）
~/.emscripten file)
./emsdk activate latest

# 激活当前终端中的 PATH 和其他环境变量
source ./emsdk_env.sh
```

现在，我们准备将 OpenCV 编译成 JavaScript。在从 GitHub 下载 OpenCV 并访问 OpenCV 文件夹后，我们必须新创一个名为 `build_js` 的构建文件夹，然后执行以下命令将 OpenCV 编译成 Asm.js：

```
python ./platforms/js/build_js.py build_js
```

或使用 --build_wasm 参数来进行 WebAssembly 编译：

```
python ./platforms/js/build_js.py build_js --build_wasm
```

如果需要更多的调试信息和异常捕获，可以使用 --enable_exception 参数启用它。

在 build_js/bin 文件夹中生成了二进制程序，你可以在其中找到可在网页中使用的 opencv.js 和 opencv.wasm 文件。

6.3 OpenCV.js 开发基础

在开始使用 OpenCV.js 开发之前，需要一个基本的 HTML 模板，它包含所需的 HTML 元素。在本章的示例中，我们将使用 Bootstrap，这是一个使用 HTML、CSS 和 JavaScript 构建响应式 Web 应用程序的工具包，其中包含多个预先设计好的组件和实用程序。我们还将使用 JQuery 库来轻松处理 HTML 元素、事件和回调。当然，你也可以在没有 Bootstrap 和 JQuery 的情况下开发出相同的示例，或者使用其他框架或库，如 AngularJS、VUE 等，但 Bootstrap 和 JQuery 的简单性有助于理解和编写网页代码。

我们将为所有样本使用相同的 HTML 结构模板，它包括一个标题，以及一个左侧菜单，这个菜单将链接到多个示例代码，我们将在其对应的链接文件中编写示例代码。HTML 结构如下所示：

```
<!doctype html>
<html lang="en">
  <head>
    <!-- Required meta tags -->
    <meta charset="utf-8">
    <meta name="viewport" content="width=device-width, initial-scale=1,
```

```
shrink-to-fit=no">

    <!-- Bootstrap CSS -->
    <link rel="stylesheet" href="css/bootstrap.min.css">
    <link rel="stylesheet" href="css/custom.css">
    <title>OpenCV Computer vision on Web. Packt Publishing.</title>
  </head>
  <body>
    <nav class="navbar navbar-dark fixed-top flex-md-nowrap p-0 shadow">
        <a class="navbar-brand col-sm-3 col-md-2 mr-0"
href="#">OpenCV.js</a>
        <h1 class="col-md-10">TITLE</h1>
    </nav>
    <div class="container-fluid">
        <div class="row">
            <nav class="col-md-2 d-none d-md-block bg-light sidebar">
                <div class="sidebar-sticky">
                    <ul id="menu" class="nav flex-column">
                        MENU ITEMS LOAD WITH JavaScript
                    </ul>
                </div>
            </nav>
            <main role="main" class="col-md-10 ml-sm-auto col-lg-10 px-4">
               EXAMPLE CONTENT
            </main>
        </div>
    </div>

    <!-- Optional JavaScript -->
    <!-- jQuery first, then Popper.js, then Bootstrap JS -->
    <script src="js/jquery-3.3.1.min.js"></script>
    <script src="js/popper.min.js"></script>
    <script src="js/bootstrap.min.js"></script>
    <script src="js/common.js"></script>
    <!-- OPENCV -->
    <script async="" src="js/opencv.js" type="text/JavaScript"
onload="onOpenCvReady();" onerror="onOpenCvError();"></script>

    <script type="text/JavaScript">
        // OUR EXAMPLE SCRIPT
        function onOpenCvReady() {
            // OPENCV.JS IS LOADED AND READY TO START TO WORK
        }
        function onOpenCvError() {
            // CALLBACK IF ERROR LOADING OPENCV.JS
        }
    </script>
  </body>
</html>
```

在这段代码中，最重要的是 EXAMPLE CONTENT 部分，我们将在其中编写与 OpenCV.js 交互的 HTML 元素，其对应的 JS 代码片段如下：

```
<!-- OPENCV -->
    <script async="" src="js/opencv.js" type="text/JavaScript"
onload="onOpenCvReady();" onerror="onOpenCvError();"></script>

    <script type="text/JavaScript">
        // OUR EXAMPLE SCRIPT
        function onOpenCvReady() {
            // OPENCV.JS IS LOADED AND READY TO START TO WORK
        }
        function onOpenCvError() {
            // CALLBACK IF ERROR LOADING OPENCV.JS
        }
    </script>
```

onOpenCvReady 回调函数将在加载 OpenCV.js 并准备使用时调用，而 onOpenCvError 则在加载出错后调用。

现在，主要的 HTML 结构已经就绪，我们开始第一个示例程序。在本例子中，我们将创建以下内容：

- 一个**警告框**，加载 OpenCV.js 完毕后显示它。因为 OpenCV.js 很大，客户端浏览器上加载需要好几秒，因而，我们将异步加载它。与此同时，我们还将加载其他所需的代码和用户界面。
- 用于加载客户端映像的一个**图像**元素。
- 一个**画布**元素，显示我们算法的结果。
- 加载文件图像的一个**按钮**。

然后，我们将创建所需的 HTML 元素。要创建**警告框**，我们将使用 Bootstrap `alert` 类，其核心是一个 `div` 层，包装在一个一行一列的 div HTML 元素中。如以下代码所示：

```
...
<div class="row">
    <div class="col">
        <div id="status" class="alert alert-primary" role="alert">
            <img src="img/ajax-loader.gif" /> Loading OpenCV...</div>
     </div>
</div>
...
```

接着，我们将创建一个包含以下元素的行块：使用 img 元素**输入图像**，使用 canvas 元素的**输出画布**结果。

```
...
<div class="row">
    <div class="col">
        <img id="imageSrc" alt="No Image" class="small"
src="img/white.png">
    </div>
    <div class="col">
        <canvas id="canvasOutput" class="small" height="300px"></canvas>
    </div>
</div>
...
```

最后，我们需要使用文件类型的 input HTML 元素添加文件按钮，如下面的代码所示：

```
<input type="file" id="fileInput" name="file" accept="image/*">
```

之前的 HTML 代码截图如下：

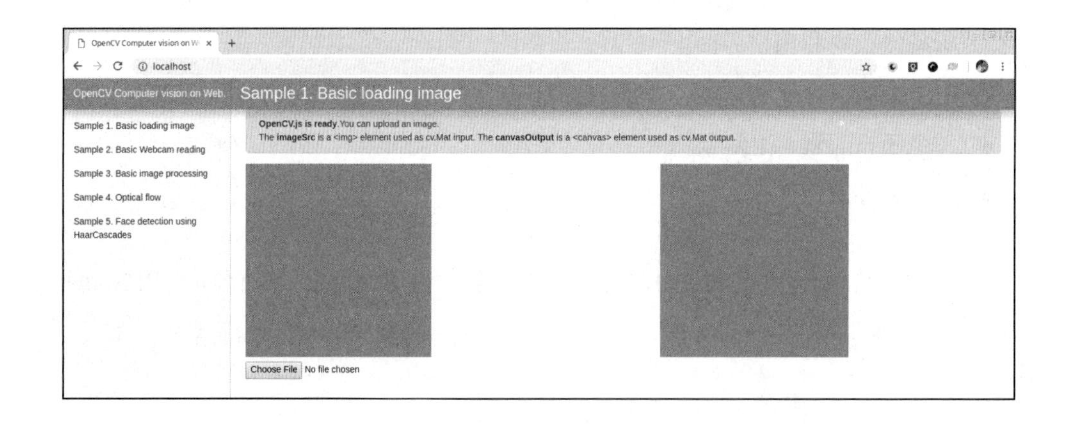

预览图像输入和画布输出的设置

现在，OpenCV.js 正餐开始了。我们将展示如何加载图像，将其转换为灰度，并通过画布元素在浏览器上显示它。我们要做的第一件事是提醒用户，OpenCV.js 已经加载，可以选择图像了。使用 onOpenCvReady 回调函数改变警告框内容，代码如下：

```
function onOpenCvReady() {
    document.getElementById('status').innerHTML = '<b>OpenCV.js is
ready</b>.' +
        'You can upload an image.<br>' +
        'The <b>imageSrc</b> is a <img> element used as cv.Mat input. ' +
        'The <b>canvasOutput</b> is a <canvas> element used as cv.Mat
output.';
}
```

一旦加载 OpenCV.js 出现问题，我们都可以使用 onOpenCvError 回调函数在警告框中显示错误：

```
function onOpenCvError() {
    let element = document.getElementById('status');
    element.setAttribute('class', 'err');
    element.innerHTML = 'Failed to load opencv.js';
}
```

现在，我们可以检查用户何时单击文件输入按钮以将图像加载到 img HTML 元素中。要为文件输入创建回调，我们首先将输入文件按钮保存到变量中：

```
let inputElement = document.getElementById('fileInput');
```

我们使用 addEventListener 加入监听器，对输入文件的点击事件进行监听，它的第一个参数是 change：

```
inputElement.addEventListener('change', (e) => {
    imgElement.src = URL.createObjectURL(e.target.files[0]);
}, false);
```

当用户点击按钮时，我们必须使用之前保存到 imgElement 变量中的 src 属性来设置图像元素的源：

```
let imgElement = document.getElementById('imageSrc');
```

最后一步是处理 img 元素（imgElement 变量）中加载的图像，将其转换为灰度并在画布输出中显示。因此，需要给 imgElement 创建一个新的事件监听器，为 onload 属性分配一个函数：

```
imgElement.onload = function() {
...
};
```

图像加载完毕后将调用此函数。在这个函数中，我们将像 OpenCV 那样读取这个元素中的图像，即使用 imread 函数读取文件：

```
let mat = cv.imread(imgElement);
```

然后，我们使用 cvtColor 函数来转换 mat 图像。如你所见，其函数与 C++ 接口非常相似：

```
cv.cvtColor(mat, mat, cv.COLOR_BGR2GRAY);
```

最后，我们使用 imshow 函数在画布上显示图像，作为一个 C++ 接口，但在这种情况下，此处不是放入图像窗口的名称，而是输入要显示图像的画布 ID：

```
cv.imshow('canvasOutput', mat);
```

释放所有我们不需要的内存是个好习惯！注意不要直接删除 mat 变量，而应当使用 mat 变量的 delete 函数：

```
mat.delete();
```

onload 函数的完整代码如下：

```
imgElement.onload = function() {
    let mat = cv.imread(imgElement);
    cv.cvtColor(mat, mat, cv.COLOR_BGR2GRAY);
    cv.imshow('canvasOutput', mat);
    mat.delete();
};
```

这是加载图片后网页的最终结果：

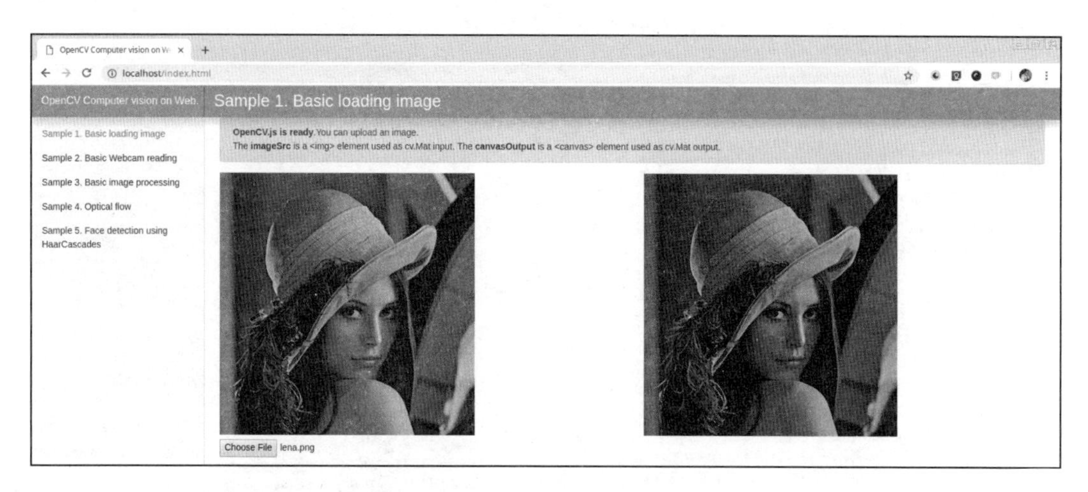

使用图像输入和画布输出的最终结果

现在，我们准备继续探索 OpenCV.js，在处理图像或帧之前，我们将学习如何利用摄像头读取视频流。

6.4　访问摄像头流

在前一节中，我们学习了如何读取图像，现在我们将学习如何从摄像头流中读取帧图像。为此，我们需要创建以下的 HTML 元素：

- 加载 OpenCV.js 时显示的警告框。因为 OpenCV.js 很大，在客户端浏览器上加载需要几秒钟的时间，我们将异步加载它。在加载它的同时，我们还将加载其他的所需代码和用户界面。
- 一个 ID 为 `videoInput` 的 `video` 元素，用于加载客户端视频流。
- 一个 `Canvas` 画布元素，用以显示我们算法的结果。
- 一个 ID 为 `cv_start` 的 `button`，单击它就开始处理视频帧，这个按钮一开始是隐藏的。

我们将在前一示例中相同的警告框和画布元素的基础之上，添加两个新元素：一个链接按钮和一个视频 HTML 元素，如下面的代码片段所示：

```
<div class="row">
    <div class="col">
        <div id="status" class="alert alert-primary" role="alert"><img
src="img/ajax-loader.gif" /> Loading OpenCV...</div>
    </div>
</div>
<a href="#" class="btn btn-primary" style="display: none;"
id="cv_start">Start</a>
<div class="row">
    <div class="col">
        <video id="videoInput" width="320" height="240"></video>
    </div>
    <div class="col">
        <canvas id="canvasOutput" class="small" height="300px"></canvas>
    </div>
</div>
```

现在，Web 页面看起来是这样的：

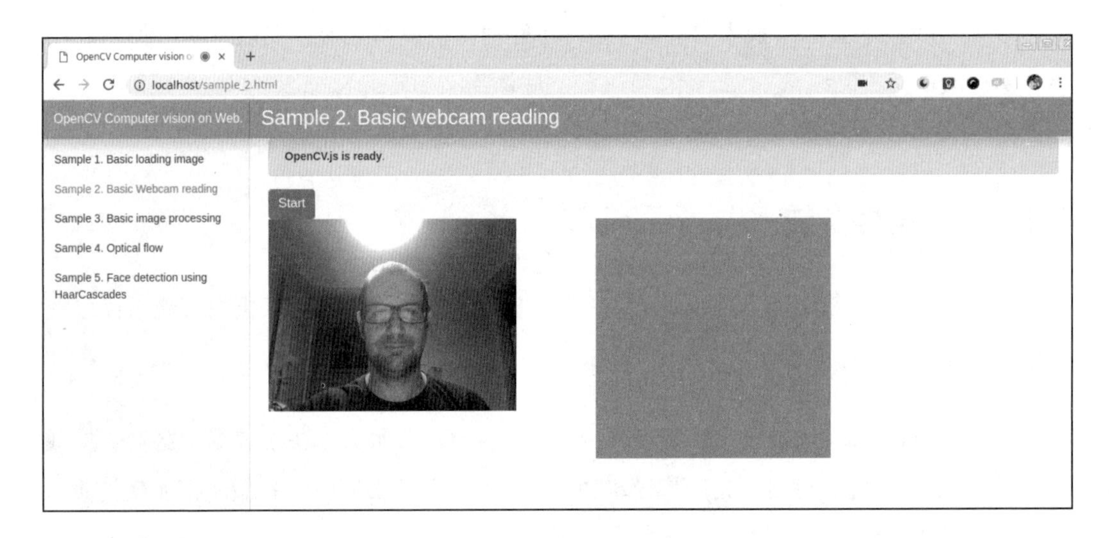

我们还需加入交互和计算机视觉处理。首先，我们必须在 video 元素中显示出一个网络摄像头的视频流。要做到这一点，需要调用浏览器的访问媒体设备功能，此处，只需要使用以下代码即可：

```
navigator.mediaDevices.getUserMedia({ video: true, audio: false })
```

此代码将给用户一个需要访问摄像头媒体设备的提示。一旦用户允许使用摄像头后，我们就可以使用 promise 函数 then 获取流，或用 catch 函数捕获任何错误。在 then

函数中，我们获取到摄像头流，然后就可以将流设置为视频源，开始视频播放。如以下代码所示：

```
navigator.mediaDevices.getUserMedia({ video: true, audio: false })
.then(function(stream) {
     video.srcObject = stream;
     video.play();
})
.catch(function(err) {
     console.log("An error occurred! " + err);
});
```

一旦 OpenCV.js 加载后，我们就显示出开始按钮，并将添加它的点击事件：

```
$("#cv_start").show();
$("#cv_start").click(start_cv);
```

start_cv 函数初始化所需的计算机视觉变量，然后开始进一步处理它们。我们需要将输入 mat 和输出 mat 初始化为具有相同的宽度和高度的视频输入矩阵。要想知道视频输入的宽度和高度，可使用视频的相关 HTML 属性。由于要将输入帧转换为灰度图像，输出 dst 的 mat 将只有 cv.CV_8UC1 格式的 1 个通道，正如我们在 C++ 中使用 cv.VideoCapture 一样，我们需要初始化视频的捕获，将之前设置的 HTML 的 video 元素作为参数传递给它，用作视频捕捉元素。以下几行代码展示了这个过程：

```
let video = document.getElementById("videoInput"); // video is the ID of
video tag
let src;
let dst;
let cap;

function start_cv(){
    // Init required variables
    src = new cv.Mat(video.height, video.width, cv.CV_8UC4);
    dst = new cv.Mat(video.height, video.width, cv.CV_8UC1);
    cap = new cv.VideoCapture(video);
    // start to process
    processVideo();
}
```

注意，HTML 中的 video 元素的输入有四个通道 RGBA，这与 C++ 中的摄像头视频捕获不同，后者只有三个通道。

接下来，我们将从视频捕获中获取每一帧，将其转换为灰度图像，并使用画布元素将其显示给用户。要从视频流中读取帧，我们只需要调用 read 函数，并将 mat 作为我们想要保存图像的参数，就像使用 C++ 接口一样，如下面代码所示：

```
cap.read(src);
```

现在，我们将把 src mat 转换为灰色，并在画布输出中显示它，就像我们在前一节中所做的那样：

```
cv.cvtColor(src, dst, cv.COLOR_RGBA2GRAY);
cv.imshow('canvasOutput', dst);
```

在 C++ 中，我们将使用一个循环来读取下一帧，但是如果在 JavaScript 中这样做，我们将阻塞其余的 JavaScript 代码。要获取下一个要处理的帧，最好的方法是使用 setTimeout JavaScript 函数。在等待几毫秒后将再次调用此处理函数，其等待时间由第二个参数定义。由于我们希望输出为 30 FPS，所以必须计算出调用处理函数之前必须等待的延迟，它等于 1000 毫秒除以 30 帧每秒得到出的时间再减去处理函数所花费的时间。我们可以使用日期函数来做这个计算，如下所示：

```
let begin = Date.now();
...
// Our processing tasks
...
// calculate the delay.
let delay = 1000/FPS - (Date.now() - begin);
setTimeout(processVideo, delay);
```

我们可以在这段代码中看到一个完整的过程函数：

```
const FPS = 30;
function processVideo() {
    try {
        let begin = Date.now();
        // start processing.
        cap.read(src);
```

```
        cv.cvtColor(src, dst, cv.COLOR_RGBA2GRAY);
        cv.imshow('canvasOutput', dst);
        // schedule the next one.
        let delay = 1000/FPS - (Date.now() - begin);
        setTimeout(processVideo, delay);
    } catch (err) {
        console.log(err);
    }
};
```

最终的结果是这样的：

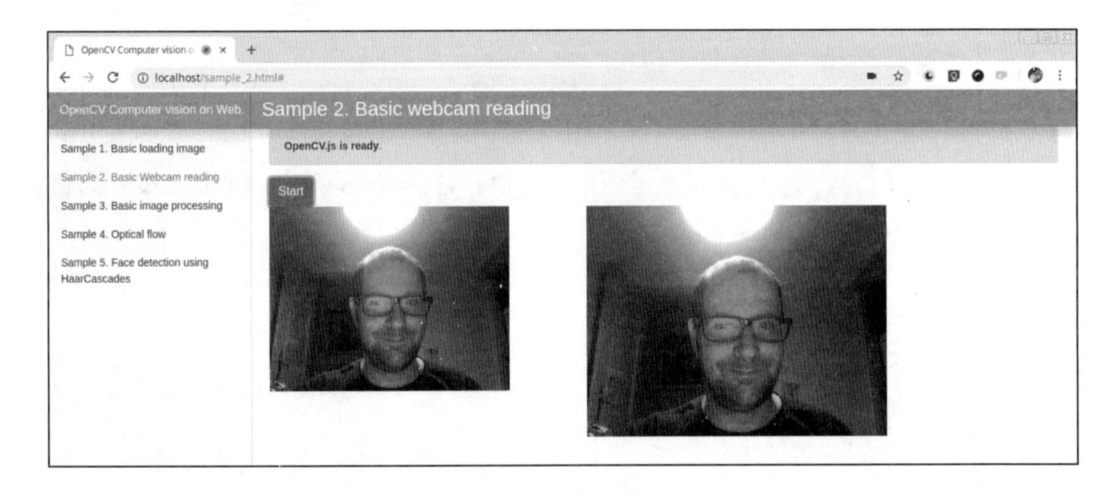

在下一节中，我们将更深入地学习 OpenCV.js 中的一些图像处理算法。

6.5　图像处理和基本用户界面

现在我们知道了如何读取图像和摄像头流，我们将解释一些更基本的图像处理功能，以及如何创建更改其参数的基本控件。在本节中，我们将创建一个 Web 页面，允许用户选择各种滤波器，将其应用到已加载图像上。此滤波器包括：阈值滤波器、高斯模糊、canny 滤波器和直方图均衡化。每种滤波器算法采用不同的输入参数，我们将在用户界面上添加参数控件来控制每种滤波器算法。

首先，我们将生成创建应用程序所需的元素。由于用户可以选择要应用的算法 / 滤波器，我们将添加一个 select HTML 元素，其中包含可供选择的选项：

```
<select class="form-control" id="filter">
    <option value="0">Choose a filter</option>
    <option value="1">Threshold</option>
    <option value="2">Gaussian Blur</option>
    <option value="3">Canny</option>
    <option value="4">Equalize Histogram</option>
</select>
```

对于每个选项，我们将显示对应的不同块级元素。

6.5.1 阈值滤波器

针对阈值滤波器，我们将显示一个 input 范围元素，其默认值为 100，范围在 0 到 200 之间。我们用一个 span 元素显示当前选择值，它会随着选择的更改而改变。阈值 HTML 模板的最终代码片段如下：

```
<div id="step3_o1" class="step_blocks hide">
     <span class="step">3</span>
     Threshold: <span id="value_sel">100</span>
     <input type="range" class="custom-range" min="0" max="255" value="100"
id="value">
</div>
```

6.5.2 高斯滤波器

针对高斯滤波器，也需要个范围来选择高斯模糊核；我们将使用另一个输入范围，并且只能选择奇数值。为此，我们将默认值设置为 3，步长为 2，范围介于 1 和 55 之间：

```
<div id="step3_o2" class="step_blocks hide">
     <span class="step">3</span>
     Kernel Filter size: <span id="value_o2_sel">3x3</span>
     <input type="range" class="custom-range" min="1" max="55" value="3"
step="2" id="value_o2">
 </div>
```

6.5.3 canny 滤波器

对于 canny 滤波器，我们需要更多的参数来配置。在 canny 滤波器中，我们需要定义两个阈值和孔径大小。为了管理它们，我们将为每个元素创建输入范围元素：

```
<div id="step3_o3" class="step_blocks hide">
     <span class="step">3</span>
     Threshold 1: <span id="value_o3_1_sel">100</span>
     <input type="range" class="custom-range" min="0" max="255" value="100"
id="value_o3_1">
     Threshold 2: <span id="value_o3_2_sel">150</span>
     <input type="range" class="custom-range" min="0" max="255" value="150"
id="value_o3_2">
     Aperture size: <span id="value_o3_sel">3</span>
     <input type="range" class="custom-range" min="3" max="7" value="3"
step="2" id="value_o3">
</div>
```

最后，如之前一样，我们将输入图像和结果添加到 canvas，从而完成 HTML 代码：

```
<div class="col">
     Input image<br>
     <img id="imageSrc" class="small" alt="no image">
</div>
<div class="col">
     Result image<br>
     <canvas id="canvasOutput" class="small" height="300px"></canvas>
</div>
```

这个 HTML 代码的结果如下：

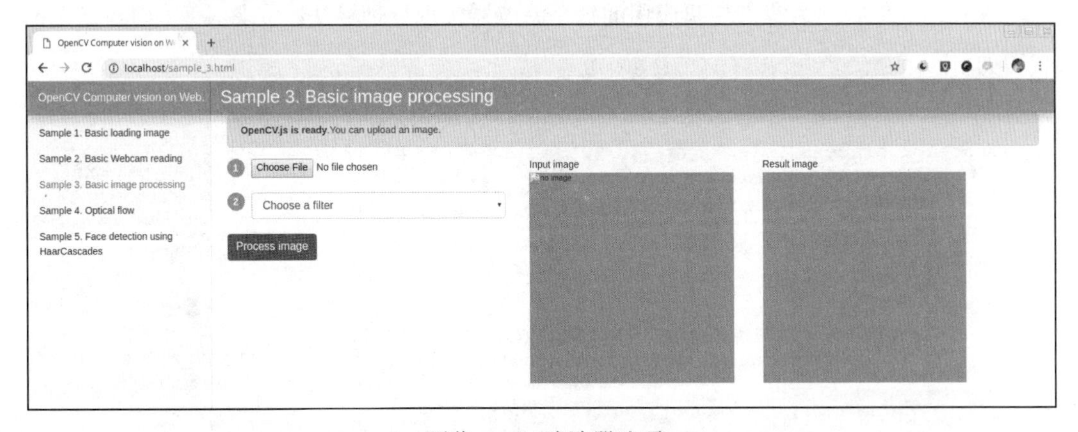

预览 canny 滤波器选项

接着，让我们使用 OpenCV.js 创建用户交互和图像处理功能。

首先，我们仍需加入同例一一样的交互代码，在 img 元素中加入图像：

```
let inputElement = document.getElementById('fileInput');
     inputElement.addEventListener('change', (e) => {
     imgElement.src = URL.createObjectURL(e.target.files[0]);
 }, false);
```

最重要的是显示用户与之交互的滤波器所需滤波器参数块。如果我们回顾为每个元素块编写的 HTML 代码，就会看到它们都有一个 hide 类，用来不显示这些元素。然后，一旦用户选择滤波器后，就必须显示出对应的滤波器参数。我们可以使用 onChange 回调事件来实现这一点。首先，我们需要使用 JQuery 的 CSS 选择子功能选中所有的“ .step_blocks”块，并使用 hide 函数来隐藏这些块。要获得选中滤波器选项，只需要使用 val 函数即可。得益于以下事实：我们给每个块使用相同的 ID 前缀，并以相应的数字作为后缀。我们可以轻松地使用 JQuery 函数的 show 函数把对应的块显示出来。完整的代码段如下所示：

```
$("#filter").change(function(){
     let filter= parseInt($("#filter").val());
     $(".step_blocks").hide();
     $("#step3_o"+filter).show();
 });
```

现在，我们必须为我们想要应用的每个滤波器实现处理算法。完整处理的 JavaScript 代码如下所示：

```
function process() {
     let mat = cv.imread(imgElement);
     let mat_result= new cv.Mat();
     let filter= parseInt($("#filter").val());

     switch(filter) {
         case 1:{
             let value= parseInt($("#value").val());
             cv.threshold(mat, mat_result, value, 255, cv.THRESH_BINARY);
             break;}
         case 2:{
             let value= parseInt($("#value_o2").val());
             let ksize = new cv.Size(value, value);
             // You can try more different parameters
             cv.GaussianBlur(mat, mat_result, ksize, 0, 0,
```

```
cv.BORDER_DEFAULT);
                break;}
            case 3:{
                let value_t1= parseInt($("#value_o3_1").val());
                let value_t2= parseInt($("#value_o3_2").val());
                let value_kernel= parseInt($("#value_o3").val());
                cv.Canny(mat, mat_result, value_t1,value_t2, value_kernel);
                break;}
            case 4:{
                cv.cvtColor(mat, mat, cv.COLOR_BGR2GRAY);
                cv.equalizeHist(mat, mat_result);
                break;
            }
        }
        cv.imshow('canvasOutput', mat_result);
        mat.delete();
        mat_result.delete();
};
```

让我们来理解代码。首先，我们使用 `cv.imread` 从 `img` 元素中读取图像。并创建 mat 来存储输出结果。为了找出选择了哪个滤波器，我们使用 select 元素的 ID 来访问它的值，使用 `$("#filter").val()` 并将其保存为名为 `filter` 的变量。

通过 switch 语句，我们将应用不同的算法或滤波器。正如你在前面的章节中已经看到，我们使用以下滤波器，它们具有与 C++ 相同的接口：

- `cv.threshold`
- `cv.GaussianBlur`
- `cv.Canny`
- `cv.equalizeHist`

为了访问每个用户界面值，我们使用 JQuery 选择器，例如，要访问阈值输入范围，我们使用 `$("#value").val()` 并将其值转化为整数。我们对其他参数和函数执行同样的操作。

在下面截图中可看到每个滤波器的最终结果：

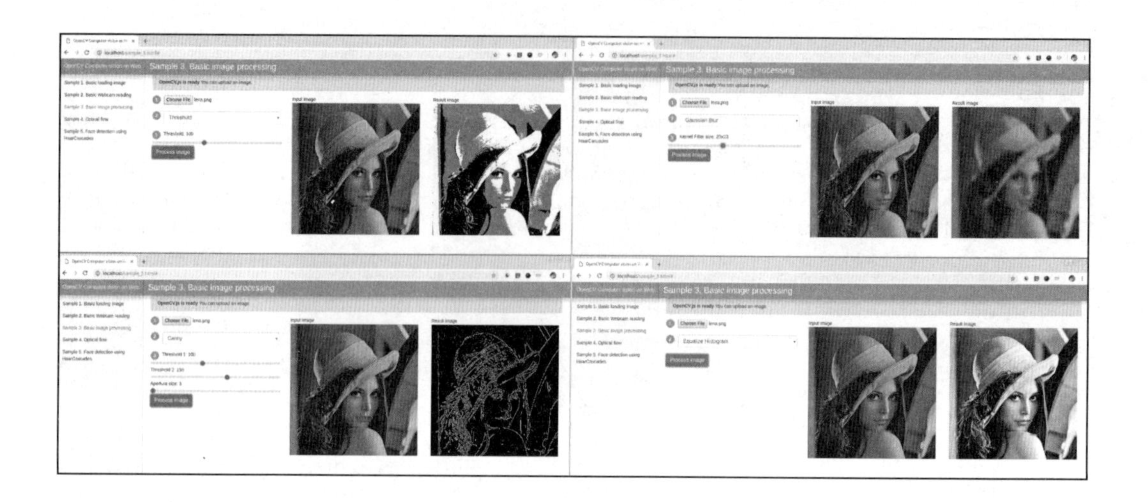

使用的每一个滤波器的最终输出结果

在本节中，我们学习了如何创建基本的接口和应用不同的图像处理算法。在下一节中，我们将学习如何使用光流算法创建视频跟踪。

6.6 浏览器中的光流

本节我们将开发一组点集上的光流。我们将使用 OpenCV 函数来选择要跟踪的最佳点。

在前几章中，我们构造出了获取帧并显示结果的 HTML 代码。我们需要视频元素和画布来显示处理的结果，以及一个开始按钮来处理输入帧。其 HTML 代码如下：

```
<div class="row">
    <div class="col">
    <div id="status" class="alert alert-primary" role="alert"><img
src="img/ajax-loader.gif" /> Loading OpenCV...</div>
</div>
</div>
<a href="#" class="btn btn-primary" style="display: none;"
id="cv_start">Start</a>
<div class="row">
    <div class="col">
        <video id="videoInput" width="320" height="240"></video>
```

```
    </div>
    <div class="col">
        <canvas id="canvasOutput" class="small" height="300px"></canvas>
    </div>
</div>
```

光流算法寻找两幅连续图像之间的由于物体或相机的运动而引起的运动模式。光流法基于两个主要假设：同一目标点的像素亮度值相等；相邻像素具有相同的运动。按此设定，算法寻找具有与帧 t 中 dx 和 dy 亮度值模式相同的 $t+dt$ 帧。该方法的主要函数式如下：

$$I(x,y,t) = I(x+dx, y+dy, t+dt)$$

其中 I 是第 t 帧上的亮度像素值，这些值是由前一帧计算得到的。

为了优化计算，可以选择我们想要用来计算光流的像素。你可以手动选择这些点，也可以使用 OpenCV 的 `goodFeaturesToTrack` 方法来选择最佳点。

首先，我们初始化所需的变量并选择要跟踪的最佳点。正如我们在前几节中所做的，我们将在 `init_cv` 函数中实现所有初始化工作。

首先，我们使用视频元素初始化输入和输出变量以及视频捕捉：

```
src = new cv.Mat(video.height, video.width, cv.CV_8UC4);
dst = new cv.Mat(video.height, video.width, cv.CV_8UC1);
cap = new cv.VideoCapture(video);
```

在输入和输出变量初始化之后，我们将初始化光流所需的变量，这些变量是用于查找位移的窗口大小、金字塔层级数和终止条件。

```
// Init the required variables for optical flow
 winSize = new cv.Size(15, 15);
 maxLevel = 2;
 criteria = new cv.TermCriteria(cv.TERM_CRITERIA_EPS |
cv.TERM_CRITERIA_COUNT, 10, 0.03);
```

我们将给每个要跟踪的点生成随机的颜色。为每个点分配不同的颜色将有助于观察：

```
 for (let i = 0; i < maxCorners; i++) {
     color.push(new cv.Scalar(parseInt(Math.random()*255),
parseInt(Math.random()*255),
     parseInt(Math.random()*255), 255));
 }
```

现在，我们将捕捉第一帧，寻找最佳的跟踪点，并保存在 mat p0 中，如下：

```
// take first frame and find corners in it
 let oldFrame = new cv.Mat(video.height, video.width, cv.CV_8UC4);
 cap.read(oldFrame);
 oldGray = new cv.Mat();
 cv.cvtColor(oldFrame, oldGray, cv.COLOR_RGB2GRAY);
 p0 = new cv.Mat();
 let none = new cv.Mat();
 cv.goodFeaturesToTrack(oldGray, p0, maxCorners, qualityLevel, minDistance,
none, blockSize);
```

我们将创建一个带有 alpha 通道的图像来绘制跟踪路径：

```
// Create a mask image for drawing purposes
 let zeroEle = new cv.Scalar(0, 0, 0, 255);
 mask = new cv.Mat(oldFrame.rows, oldFrame.cols, oldFrame.type(), zeroEle);
```

现在，我们准备好开始处理每一帧和每一条轨迹，我们将像前一节一样使用 processVideo 函数。

首先，我们必须得到一个新的帧，然后使用 Lukas Kanade 算法（一种广泛使用的光流估计差分方法）和 calcOpticalFlowPyrLK 函数计算光流，需要传入的参数为：前一帧和新一帧的灰度值、以前的点、用于保存新点位置的新 mat：

```
// start processing.
 cap.read(frame);
 cv.cvtColor(frame, frameGray, cv.COLOR_RGBA2GRAY);
// calculate optical flow
 cv.calcOpticalFlowPyrLK(oldGray, frameGray, p0, p1, st, err, winSize
maxLevel, criteria);
```

现在，在 st 变量中有所有点的状态。如果其状态为 0，则表示此点无法处理，必须丢弃；如果它的状态为 1，则表示可以跟踪并绘制此点，循环遍历 st 变量，查看并绘制这些点：

```
// select good points
let goodNew = [];
let goodOld = [];
for (let i = 0; i < st.rows; i++) {
    if (st.data[i] === 1) {
        goodNew.push(new cv.Point(p1.data32F[i*2], p1.data32F[i*2+1]));
        goodOld.push(new cv.Point(p0.data32F[i*2], p0.data32F[i*2+1]));
    }
}
// draw the tracks
for (let i = 0; i < goodNew.length; i++) {
    cv.line(mask, goodNew[i], goodOld[i], color[i], 2);
    cv.circle(frame, goodNew[i], 5, color[i], -1);
}
cv.add(frame, mask, frame);
cv.imshow('canvasOutput', frame);
```

为了继续跟踪下去，必须用实际状态更新旧帧和旧点，因为某些点已经无法跟踪了。下面的代码将展示如何更新旧的变量：

```
// now update the previous frame and previous points
frameGray.copyTo(oldGray);
p0.delete(); p0 = null;
p0 = new cv.Mat(goodNew.length, 1, cv.CV_32FC2);
for (let i = 0; i < goodNew.length; i++) {
    p0.data32F[i*2] = goodNew[i].x;
    p0.data32F[i*2+1] = goodNew[i].y;
}
```

代码在网页的运行结果如下：

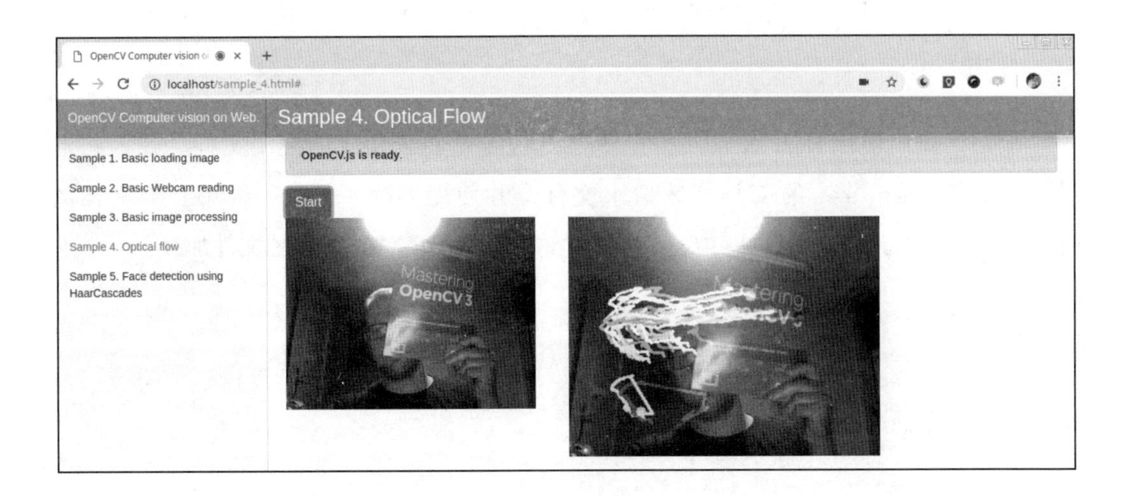

在本节中，我们学习了如何使用 OpenCV.js 来实现一个基本的光流程序；在下一节中，我们将学习如何使用级联分类器来检测人脸。

6.7 在浏览器中使用 Haar 级联分类器进行人脸检测

在关于 0penCV.js 的本章的末尾，我们将学习如何在级联分类器算法中使用 Haar 特性创建人脸检测器。 要了解有关使用 Haar 和 Cascade 分类器的人脸检测器的详细信息，你可以阅读 3.3 节和 5.1.1 节，它们详细描述了这两种方法的工作原理。

同上一节一样，我们将使用视频输入和画布输出，因而重用相同的 HTML 结构来开始我们的开发：

```
<div class="row">
    <div class="col">
    <div id="status" class="alert alert-primary" role="alert"><img
src="img/ajax-loader.gif" /> Loading OpenCV...</div>
</div>
</div>
<a href="#" class="btn btn-primary" style="display: none;"
id="cv_start">Start</a>
<div class="row">
    <div class="col">
        <video id="videoInput" width="320" height="240"></video>
    </div>
    <div class="col">
        <canvas id="canvasOutput" class="small" height="300px"></canvas>
    </div>
</div>
```

首先，我们使用 Haar 级联人脸检测器，它需要加载相应的模型文件。我们将通过一个 `HTMLRequest` 的工具函数请求文件，并使用名为 `FS_createDataFile` 的 OpenCV.js 函数将其保存到内存中，该函数允许将我们的算法作为系统文件加载：

```
function createFileFromUrl(path, url, callback) {
     let request = new XMLHttpRequest();
     request.open('GET', url, true);
     request.responseType = 'arraybuffer';
     request.onload = function(ev) {
     if (request.readyState === 4) {
```

```
        if (request.status === 200) {
            let data = new Uint8Array(request.response);
            cv.FS_createDataFile('/', path, data, true, false, false);
            callback();
        } else {
            self.printError('Failed to load ' + url + ' status: ' +
request.status);
        }
    }
 };
 request.send();
};
```

那么，当 OpenCV.js 被加载后，我们就可以调用这个函数来加载模型，并初始化变量：

```
function start_cv(){
     createFileFromUrl("haarcascade_frontalface_default.xml",
                       "haarcascade_frontalface_default.xml", ()=>{
         init_cv();
         // schedule the first one.
         setTimeout(processVideo, 10);
     });
 }
```

在这个例子中，我们只需要初始化输入输出图像、视频采集、保存检测到的人脸和分类器：

```
function init_cv(){
     src = new cv.Mat(video.height, video.width, cv.CV_8UC4);
     dst = new cv.Mat(video.height, video.width, cv.CV_8UC4);
     cap = new cv.VideoCapture(video);
     gray = new cv.Mat(video.height, video.width, cv.CV_8UC1);
     faces = new cv.RectVector();
     classifier = new cv.CascadeClassifier();
     // load pre-trained classifiers
     classifier.load('haarcascade_frontalface_default.xml');
}
```

现在，我们必须检测每帧中出现的人脸。在我们重用的 `processVideo` 方法中，捕获实际的帧，使用 `cvtColor` 函数将其转换为灰度，并使用 `detectMultiScale2` 函数对帧中的所有人脸进行检测，并将其保存在人脸向量中。最后，我们将给检测到的每个人脸绘制一个矩形。代码如下：

```
// start processing.
 cap.read(src);
 src.copyTo(dst);
 cv.cvtColor(src, gray, cv.COLOR_RGBA2GRAY);
 // detect faces.
 let numDetections = new cv.IntVector();
classifier.detectMultiScale2(gray, faces, numDetections, 1.1, 3, 0);
// draw faces.
for (let i = 0; i < faces.size(); ++i) {
    let face = faces.get(i);
    let point1 = new cv.Point(face.x, face.y);
    let point2 = new cv.Point(face.x + face.width, face.y + face.height);
    cv.rectangle(dst, point1, point2, [255, 0, 0, 255]);
}
cv.imshow('canvasOutput', dst);
```

HTML 页面上的最终结果如下：

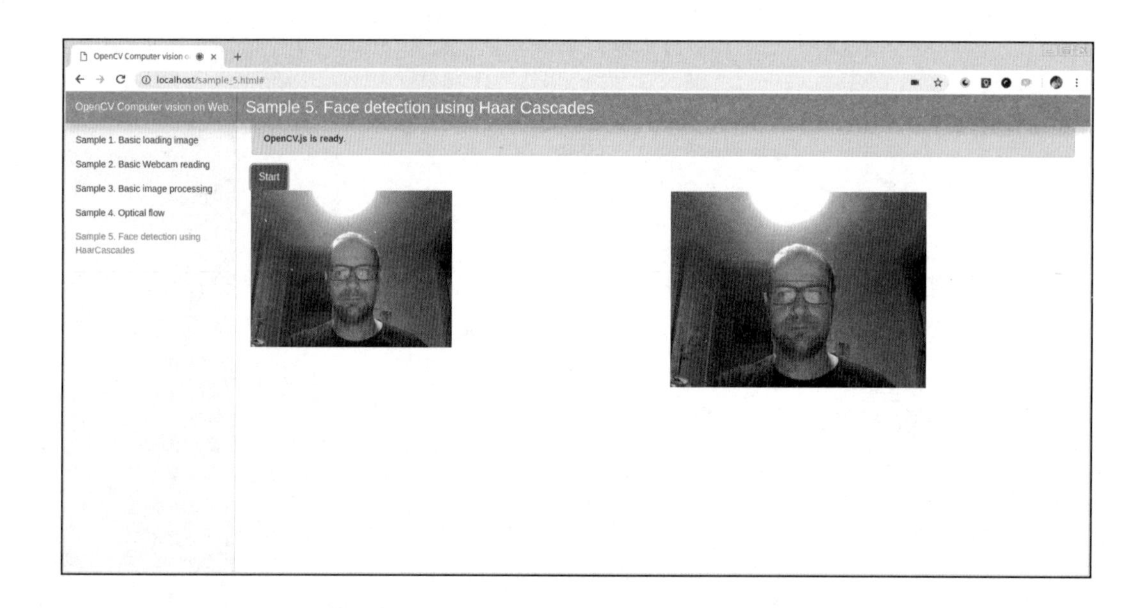

6.8　小结

在本章中，我们学习了如何在网页中使用 OpenCV.js，如何创建基础 HTML 结构，以及如何访问每个 HTML 元素，并与之进行交互。我们学习了如何使用流行浏览器实现的最新 HTML5 标定来创建基本用户界面，并通过 HTML 的 `video` 标签访问图像和视频流。

我们学习了如何加载 OpenCV.js 并检查它是否可以在 JavaScript 程序中使用。我们还创建了一个对输入图像应用多个滤波器的 Web 应用程序。

我们也创建了一个光流程序，这给开发人员创建增强现实等应用程序提供了更多的可能。

最后，我们学习了如何使用网络摄像头实时检测人脸，我们可以将其扩展到为人脸识别、手势或情绪检测等新的应用程序。

现在 OpenCV 的 Web 版本已经上线了。尽情发挥它们的创新可能吧！

在下一章中，我们将学习如何使用 OpenCV 的 ArUco 模块在移动设备上创建一个非常棒的增强现实程序。

CHAPTER 7

第7章

使用 ArUco 模块的 Android 相机校准和 AR

运行谷歌 Android 的移动设备数量已经超过了所有其他移动操作系统。近年来，除了高质量的摄像头外，它们还拥有令人难以置信的计算能力，这使得它们能够在最高水平上实现计算机视觉。移动计算机视觉最受追捧的应用之一是**增强现实**（AR）。将真实世界和虚拟世界融合在一起，这在娱乐和游戏、医疗和医疗保健、工业和国防等领域都有应用。移动 AR 的世界正在快速发展，每天都会出现夺人眼球的新演示，它无疑是移动硬件和软件开发的引擎。在本章中，我们将学习如何通过使用 OpenCV 的 ArUco `contrib` 模块，**Android 的 Camera2 API** 以及 jMonkeyEngine **3D 游戏引擎**，从头开始在 Android 生态系统中实现 AR 应用程序。不过，首先我们将使用 ArUco 的 ChArUco 校准板对 Android 设备的相机进行简单的校准，该校准板替代了 OpenCV 的 `calib3d` 棋盘，提供了更好的效果。

本章将介绍以下主题：

- 介绍相机的光学原理、本征参数及标定过程
- 使用 Camera2 API 和 ArUco 在 Android 中实现相机校准
- 使用 jMonkeyEngine 和 ArUco 标记实现透视 AR 世界

7.1 技术要求

本章中使用的技术和软件如下：

- 使用 ArUco `contrib` 模块编译的 OpenCV v3 或 v4 Android SDK：https://github.com/Mainvooid/opencv-android-sdk-with-contrib
- Android Studio v3.2+
- 运行 Android OS v6.0+ 的 Android 设备

这些组件的构建指令以及实现本章所述概念的代码将在随附的代码库中提供。

要运行示例，需要一个打印的校准板。可以使用 ArUco 的 `cv::aruco::CharucoBoard::draw` 函数以编程方式生成图像板，然后用家用打印机打印。如果将它粘贴在硬质表面（如纸板或塑料板）上，则效果最佳。打印出标定板后，应对标记尺寸进行精确测量（使用标尺或卡尺），以使校准结果更准确、更真实。

7.2　增强现实和姿态估计

增强现实（AR）是 Tom Caudell 在 20 世纪 90 年代初创造的概念。他提出 AR 这个词，意为将相机中的真实世界与计算机生成的渲染图形之间进行混合，这些图形可以平滑地融合在一起，创造出现实世界中存在虚拟物体的幻觉。在过去的几十年里，AR 已经取得了巨大的进步，从一个只有很少实际应用的生僻技术，发展到深入国防、制造、医疗、娱乐等多个垂直领域的数十亿美元的产业。然而，其核心概念仍保持不变（在基于相机的 AR 中），即：在场景中的 3D 几何体上面绘制图形。因此，AR 最终包括：从图像重建 3D 几何物体；跟踪该几何物体；将新 3D 图形渲染在几何物体上。还有一些类型的增强现实技术，使用与相机不同的传感器。其中比如大名鼎鼎的 Pokemon Go 应用程序的 AR 技术是通过陀螺仪和指南针在手机上实现的。

在过去，AR 主要基于使用**基准标记**，因为基准标记通常为打印出的矩形标记（请参阅下面一节中此类标记的示例），具有明显的色彩对比（主要是黑色和白色）。由于它们具有高对比度，可以很容易地在图像中找出图形，同时它们具有四个（或更多）清晰的角，通过这些角，我们可以计算得到相对于相机的平面的标记。自 20 世纪 90 年代 AR 应用首次出现以来，使用基准标记已成为惯例，至今仍然是一种普遍使用的方法，在许多 AR

技术原型中使用。本章将继续使用这技术进行 AR 检测，但是，最新的 AR 技术已经转向其他 3D 几何重建方法，例如**自然标记**（非矩形，大多数是非结构化的），**从运动恢复结构**（SfM）和**跟踪与建图**（也称为**同步定位与建图**（SLAM））

近年来 AR 迅速崛起的另一个原因是移动计算的出现。在过去，渲染 3D 图形和运行复杂的计算机视觉算法需要功能强大的 PC，但如今即使是低端移动设备也可以轻松处理这两项任务。今天的移动 GPU 和 CPU 功能足以处理比基于基准的 AR 要求更高的任务。主要的移动操作系统开发商，如谷歌和苹果，已经提供了基于 SfM 和 SLAM 的 AR 工具包，融合惯性传感器的速度超过实时要求。AR 还被整合到其他移动设备中，例如头戴式显示器、汽车，甚至配备有摄像头的飞行无人机。

7.2.1　相机校准

对我们手头的视觉任务而言，将采用**针孔相机模型**来恢复场景中的几何体，它是对采集图像的先进数码相机的一个极大简化。针孔模型基本上描述了从世界中物体到相机中图像的像素的变换。下图说明了此过程：

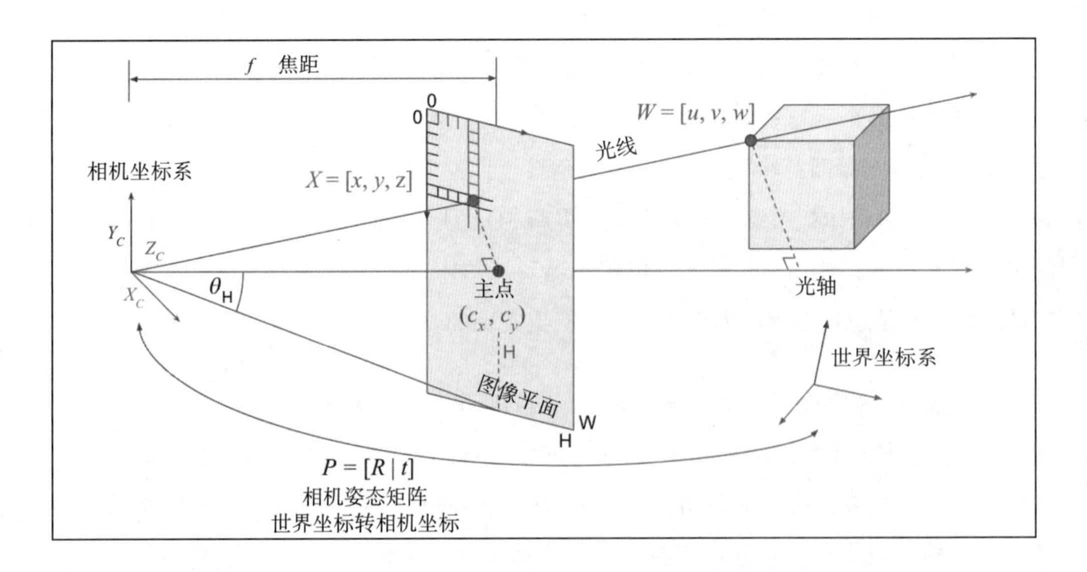

相机图像具有局部 2D 坐标系（以像素为单位），而 3D 对象的位置则使用公制长度单

位，例如毫米、米或英寸。为了协调这两个坐标系，针孔相机模型提供两种变换：**透视投影**和**相机姿态**。相机姿态变换（在上图中用 P 表示）将对象的坐标与相机的局部坐标系对齐，例如，假定物体位于相机光轴前方 10 米处，其坐标为（0,0,10），单位为米。其姿态（刚体变换）由旋转 R 和平移 t 分量组成，并产生与相机的局部坐标系对齐的新 3D 位置，如下所示：

$$X=\begin{pmatrix} x \\ y \\ z \end{pmatrix}=R\begin{pmatrix} u \\ v \\ w \end{pmatrix}+t=\begin{pmatrix} r_1 & r_2 & r_3 & t_x \\ r_4 & r_5 & r_6 & t_y \\ r_7 & r_8 & r_9 & t_y \end{pmatrix}\begin{pmatrix} u \\ v \\ w \\ 1 \end{pmatrix}=PW'$$

其中 W' 是 3D 点 W 的**齐次坐标**，由向量末尾加 1 得到。

下一步是将对齐后的 3D 点投影到图像平面上。由上图，我们可以看出，存在一条由相机中心发出的光线穿过对齐后的 3D 点和 2D 像素点，这就形成了重叠的直角三角形（90 度）约束。这就意味着，如果我们知道 z 坐标和 f 系数，我们可以通过除以 z 来计算图像平面上的点（x_I,y_I），这就是所谓的**透视分割**。首先，我们除以 z 以使该点变为归一化坐标（到相机投影中心的距离为 1），然后我们将它乘以一个因子，该因子与真实相机的焦距和图像平面上像素的大小相关。最后，我们加上与相机的投影中心（**主点**）的偏移量，得到像素的位置：

$$\begin{gathered} x' = x/z \\ y' = y/z \\ x_I = f_x \cdot x' + c_x \\ y_I = f_y \cdot y' + c_y \end{gathered}$$

实际上，有很多因素决定物体在图像中的位置，而不仅仅是焦距，例如来自镜头的失真（**径向，桶形失真**），这涉及非线性计算。这种投影变换通常用一个矩阵表示，称为**相机内部参数矩阵**，通常用 K 表示：

$$s=\begin{pmatrix}x_I\\y_I\\1\end{pmatrix}=KPW'=\begin{pmatrix}f_x&0&c_x\\0&f_y&c_y\\0&0&1\end{pmatrix}\begin{pmatrix}r_1&r_2&r_3&t_x\\r_4&r_5&r_6&t_y\\r_7&r_8&r_9&t_y\end{pmatrix}\begin{pmatrix}u\\v\\w\\1\end{pmatrix}$$

相机标定过程是找出系数 K（和**失真参数**）的过程，这是计算机视觉中的任何精确工作都需要进行的基本步骤。它通常在给定相关 3D 和 2D 点的测量的情况下，通过优化问题来完成。如果给定足够多的对应图像点（x_I,y_I）和 3D 点（u,v,w），就可以构建**重投影代价函数**，如下所示：

$$L=\sum_i\left\|p_i^I-\hat{K}PW_i'\right\|_{L_2}$$

这里的重投影代价函数的作用是：利用投影矩阵和姿态矩阵 KPW_i，将原二维图像点 p_i 与重新投影到场景中的 3D 图像之间的欧氏距离最小化。

从 K 矩阵的近似值开始（例如主点（principal point）可以对应到图像的正中心），我们可以通过建立过度约束线性系统（over-constrained linear system）或算法（如 Point-n-Perspective（PnP）），以直接线性变换方式来估计的值。然后，我们可以对损失函数 L 采用梯度下降算法（例如 Levenberg-Marquardt），来得到 K 的参数。这些算法的细节超出了本章的范围，但是，OpenCV 已经实现了它们，用于相机校准。

7.2.2　用于平面重建的增强现实标记

AR 基准标记用于方便地找到它们相对于相机所处的平面。AR 标记通常具有明显的角度或其他几何特征（例如，圆圈），这些特征可以清晰且快速地检测到。2D 标志以探测器预先知道的方式排列，因此我们可以轻松建立 2D-3D 点的对应关系。以下是一些 AR 基准标记的示例：

在本例中，存在几种类型的 2D 标记。矩形标记包括矩形和内部矩形的角，中间有着三个大的方框矩形的是 QR 码标记（中间）。非矩形标记则使用圆的中心作为 2D 位置。

一旦给定标记上的 2D 点及其对应的 3D 坐标（以毫米为单位），可以使用在上一节中看到的原理为每对编写以下等式：

$$\begin{pmatrix} x_i \\ y_i \\ 1 \end{pmatrix} = \underbrace{\begin{bmatrix} R_{3\times 3} & t \end{bmatrix}}_{p} W_i' = \begin{pmatrix} r_1 & r_2 & r_3 & t_x \\ r_4 & r_5 & r_6 & t_y \\ r_7 & r_8 & r_9 & t_y \end{pmatrix} \begin{pmatrix} u_i \\ v_i \\ 0 \\ 1 \end{pmatrix} = \begin{pmatrix} r_1 & r_2 & t_x \\ r_4 & r_5 & t_y \\ r_7 & r_8 & t_z \end{pmatrix} \begin{pmatrix} u_i \\ v_i \\ 1 \end{pmatrix}$$

注意，由于标记通常放在平坦的地面上，其 z 坐标为零，因此我们可以省略 P 矩阵的第三列，剩下一个 3×3 矩阵。注意，我们仍然可以恢复整个旋转矩阵；因为它是正交的，我们可以用前两列的叉乘来求出第三列：$R^3 = R^1 \times R^2$。剩余的 3×3 矩阵是**单应矩阵**，它将一个平面（图像平面）转换为另一个平面（标记平面）。我们可以通过构造齐次线性方程组来估计矩阵的值，如下所示：

$$\begin{pmatrix} x_i \\ y_i \\ 1 \end{pmatrix} - \begin{pmatrix} r_1 & r_2 & t_x \\ r_4 & r_5 & t_y \\ r_7 & r_8 & t_z \end{pmatrix} \begin{pmatrix} u_i \\ v_i \\ 1 \end{pmatrix} = \begin{pmatrix} 0 \\ 0 \\ 0 \end{pmatrix}$$

它可以转化为以下齐次方程组：

$$\begin{pmatrix} x_1 & -u_1 & -v_1 & -1 & 0 & 0 & 0 & 0 & 0 & 0 & 0 & 0 \\ 0 & 0 & 0 & 0 & y_1 & -u_1 & -v_1 & -1 & 0 & 0 & 0 & 0 \\ 0 & 0 & 0 & 0 & 0 & 0 & 0 & 0 & 1 & -u_1 & -v_1 & -1 \\ \vdots & \vdots & \vdots & \vdots & \vdots & \vdots & \vdots & \vdots & \vdots & \vdots & \vdots & \vdots \\ x_n & -u_n & -v_n & -1 & 0 & 0 & 0 & 0 & 0 & 0 & 0 & 0 \\ 0 & 0 & 0 & 0 & y_n & -u_n & -v_n & -1 & 0 & 0 & 0 & 0 \\ 0 & 0 & 0 & 0 & 0 & 0 & 0 & 0 & 1 & -u_n & -v_n & -1 \end{pmatrix} \begin{pmatrix} 1 \\ r_1 \\ r_2 \\ t_x \\ 1 \\ r_4 \\ r_5 \\ t_y \\ 1 \\ r_8 \\ r_9 \\ t_z \end{pmatrix} = \begin{pmatrix} 0 \\ 0 \\ 0 \\ \vdots \\ 0 \\ 0 \\ 0 \end{pmatrix}$$

我们可以用 A 矩阵的奇异值分解来进行求解，$A = U\Sigma V^t$，V 的最后一列就是解，最终找到 P。这种方法只适用于平面标记，因为我们之前进行了平面设定。对于 3D 物体的标定，为了恢复有效的正交旋转，需要对线性系统进行更多的测量。除此之外，还存在其他的算法，例如我们前面提到的 Perspective-n-Point（PnP）算法可以解决这个问题。以上这就是我们创造增强现实效果所需的理论基础。在下一节中，我们将在 Android 系统中构建一个应用程序来实现这些想法。

7.3　Android 系统中的相机访问

大多数（不是全部）运行 Android 的移动电话设备都配备了视频摄像头，Android OS 提供了 API 来访问其原始数据流。在 Android 版本 5（API 级别 21）之前，Google 建议使用较老的 Camera API；但是，在最近的版本中，此 API 已被弃用，取而代之的是新的 Camera2 API，也是我们将使用的 API。Google 为 Android 开发人员提供了一个很好 Camera2 API 的示例指南，地址为：https://github.com/googlesamples/androidCamera2Basic。在本节中，我们将只讲述一些核心片段，你可以在随附的代码库中看到完整的代码。

首先，使用相机需要用户权限。在 `AndroidManifest.xml` 文件中，我们配置以下内容：

```
    <uses-permission android:name="android.permission.CAMERA" />
    <uses-permission
android:name="android.permission.WRITE_EXTERNAL_STORAGE" />
    <uses-permission
android:name="android.permission.READ_EXTERNAL_STORAGE"/>
```

我们还请求文件存储访问权限，以保存中间数据和调试图像。接着，如果程序尚未被授予用户权限，那么就在程序启动后弹出屏幕对话框来请求权限：

```
if (context.checkSelfPermission(Manifest.permission.CAMERA) !=
PackageManager.PERMISSION_GRANTED) {
    context.requestPermissions(new String[] { Manifest.permission.CAMERA },
```

```
REQUEST_PERMISSION_CODE);
    return; // break until next time, after user approves
}
```

请注意，需要对权限请求的返回做进一步的处理。

找到并打开相机

接下来，我们尝试通过扫描设备上可用摄像头的列表来找出合适的后置摄像头。如果是后置摄像头，则会给出一个特征标志，如下所示：

```
CameraManager manager = (CameraManager)
context.getSystemService(Context.CAMERA_SERVICE);
try {
    String camList[] = manager.getCameraIdList();
    mCameraID = camList[0]; // save as a class member - mCameraID
    for (String cameraID : camList) {
        CameraCharacteristics characteristics =
manager.getCameraCharacteristics(cameraID);
        if(characteristics.get(CameraCharacteristics.LENS_FACING) ==
CameraCharacteristics.LENS_FACING_BACK) {
            mCameraID = cameraID;
            break;
        }
    }
    Log.i(LOGTAG, "Opening camera: " + mCameraID);
    CameraCharacteristics characteristics =
manager.getCameraCharacteristics(mCameraID);
    manager.openCamera(mCameraID, mStateCallback, mBackgroundHandler);
} catch (...) {
    /* ... */
}
```

打开相机后，我们可以查看其可用的图像分辨率列表并选择合适的大小。一个合适的尺寸不会太大，因而不会花费太多的计算时间，并且分辨率也能与屏幕分辨率对应起来，保证它满屏显示：

```
final int width = 1280; // 1280x720 is a good wide-format size, but we can
query the
final int height = 720; // screen to see precisely what resolution it is.

CameraCharacteristics characteristics =
manager.getCameraCharacteristics(mCameraID);
```

```
StreamConfigurationMap map =
characteristics.get(CameraCharacteristics.SCALER_STREAM_CONFIGURATION_MAP);
int bestWidth = 0, bestHeight = 0;
final float aspect = (float)width / height;
for (Size psize : map.getOutputSizes(ImageFormat.YUV_420_888)) {
    final int w = psize.getWidth(), h = psize.getHeight();
    // accept the size if it's close to our target and has similar aspect
ratio
    if ( width >= w && height >= h &&
         bestWidth <= w && bestHeight <= h &&
         Math.abs(aspect - (float)w/h) < 0.2 )
    {
        bestWidth = w;
        bestHeight = h;
    }
}
```

我们现在已准备好请求访问视频。将请求访问来自相机的原始数据。几乎所有Android 设备都提供 YUV 420 流格式，因此最好就读取此格式。我们需要多一个步骤，将其转换为 RGB 格式数据，如下所示：

```
mImageReader = ImageReader.newInstance(mPreviewSize.getWidth(),
mPreviewSize.getHeight(), ImageFormat.YUV_420_888, 2);
// The ImageAvailableListener will get a function call with each frame
mImageReader.setOnImageAvailableListener(mHandler, mBackgroundHandler);

mPreviewRequestBuilder =
mCameraDevice.createCaptureRequest(CameraDevice.TEMPLATE_PREVIEW);
mPreviewRequestBuilder.addTarget(mImageReader.getSurface());

mCameraDevice.createCaptureSession(Arrays.asList(mImageReader.getSurface())
,
        new CameraCaptureSession.StateCallback() {
            @Override
            public void onConfigured( CameraCaptureSession
cameraCaptureSession) {
                mCaptureSession = cameraCaptureSession;
                // ... setup auto-focus here
                mHandler.onCameraSetup(mPreviewSize); // notify interested
parties
            }

            @Override
            public void onConfigureFailed(CameraCaptureSession
cameraCaptureSession) {
                Log.e(LOGTAG, "createCameraPreviewSession failed");
            }
        }, mBackgroundHandler);
```

此后的每帧，我们都调用类的 ImageReader.OnImageAvailableListener 函数，然后就可以读取图像的像素值：

```
@Override
public void onImageAvailable(ImageReader imageReader) {
    android.media.Image image = imageReader.acquireLatestImage();
    //such as getting a grayscale image by taking just the Y component
(from YUV)
    mPreviewByteBufferGray.rewind();
    ByteBuffer buffer = image.getPlanes()[0].getBuffer();
    buffer.rewind();
    buffer.get(mPreviewByteBufferGray.array());
    image.close(); // release the image - Important!
}
```

此时，我们可以发送其字节缓冲区，以便在 OpenCV 中进行处理。接下来，我们将使用 aruco 模块开发相机标定流程。

7.4　使用 ArUco 进行相机校准

如前所述，为了进行相机标定，必须获得相应的 2D-3D 点对。ArUco 标记检测让此任务变得简单。ArUco 提供了一个工具来创建**校准板**，它是一个由正方形和 AR 标记组成的网格，其中所有参数都是已知的：标记的数量、大小和位置。我们可以用家里或办公室的打印机打印这样的标记板，其打印图像由 ArUco API 给出：

```
Ptr<aruco::Dictionary> dict =
aruco::Dictionary::get(aruco::DICT_ARUCO_ORIGINAL);
Ptr<aruco::GridBoard> board = aruco::GridBoard::create(
    10      /* N markers x */,
    7       /* M markers y */,
    14.0f   /* marker width (mm) */,
    9.2f    /* marker separation (mm) */,
    dict);
Mat boardImage;
board->draw({1000, 700}, boardImage, 25); // an image of 1000x700 pixels
cv::imwrite("ArucoBoard.png", boardImage);
```

以下是一个板图像的示例，也是上述代码的运行结果：

我们需要移动摄像头或标记板来拍摄标记板的多张图像。请将标记图像粘贴在一块坚硬的纸板或塑料板上，以便在移动标记板时保持纸张平整，或者反过来：将标记板平放在桌子上，在周围移动相机。我们可以写一个简单的 Android UI 程序来捕获图像，只需三个按钮：抓图（CAPTURE），标定（CALIBRATE）和完成（DONE）：

正如我们之前所见，CAPTURE 按钮简单地抓取灰度图像放入缓冲区，并调用原生的 C++ 函数来检测 ArUco 标记，并将结果保存到内存中：

```
extern "C"
JNIEXPORT jint JNICALL
Java_com_packt_masteringopencv4_opencvarucoar_CalibrationActivity_addCalibr
ation8UImage(
```

```
    JNIEnv *env,
    jclass type,
    jbyteArray data_, // java: byte[] , a 8 uchar grayscale image buffer
    jint w,
    jint h)
{
    jbyte *data = env->GetByteArrayElements(data_, NULL);
    Mat grayImage(h, w, CV_8UC1, data);

    vector< int > ids;
    vector< vector< Point2f > > corners, rejected;

    // detect markers
    aruco::detectMarkers(grayImage, dict, corners, ids, params, rejected);
    __android_log_print(ANDROID_LOG_DEBUG, LOGTAG, "found %d markers",
ids.size());

    allCorners.push_back(corners);
    allIds.push_back(ids);
    allImgs.push_back(grayImage.clone());
    imgSize = grayImage.size();

    __android_log_print(ANDROID_LOG_DEBUG, LOGTAG, "%d captures",
allImgs.size());

    env->ReleaseByteArrayElements(data_, data, 0);

    return allImgs.size(); // return the number of captured images so far
}
```

然后，使用 `cv::aruco::drawDetectedMarkers` 来可视化检测到的标记。被正确检测到的标记点将用于校准：

在获得足够的图像之后（通常，从不同视角获得大约 10 幅图像就足够了），CALIBRATE 按钮调用另一个原生函数，该函数调用 `aruco::calibrateCameraAruco`

函数，如下所示：

```
extern "C"
JNIEXPORT void JNICALL
Java_com_packt_masteringopencv4_opencvarucoar_CalibrationActivity_doCalibra
tion(
    JNIEnv *env,
    jclass type)
{
    vector< Mat > rvecs, tvecs;

    cameraMatrix = Mat::eye(3, 3, CV_64F);
    cameraMatrix.at< double >(0, 0) = 1.0;

    // prepare data for calibration: put all marker points in a single
array
    vector< vector< Point2f > > allCornersConcatenated;
    vector< int > allIdsConcatenated;
    vector< int > markerCounterPerFrame;
    markerCounterPerFrame.reserve(allCorners.size());
    for (unsigned int i = 0; i < allCorners.size(); i++) {
        markerCounterPerFrame.push_back((int)allCorners[i].size());
        for (unsigned int j = 0; j < allCorners[i].size(); j++) {
            allCornersConcatenated.push_back(allCorners[i][j]);
            allIdsConcatenated.push_back(allIds[i][j]);
        }
    }

    // calibrate camera using aruco markers
    double arucoRepErr;
    arucoRepErr = aruco::calibrateCameraAruco(allCornersConcatenated,
                                              allIdsConcatenated,
                                              markerCounterPerFrame,
                                              board, imgSize, cameraMatrix,
                                              distCoeffs, rvecs, tvecs,
CALIB_FIX_ASPECT_RATIO);

    __android_log_print(ANDROID_LOG_DEBUG, LOGTAG, "reprojection err:
%.3f", arucoRepErr);
    stringstream ss;
    ss << cameraMatrix << endl << distCoeffs;
    __android_log_print(ANDROID_LOG_DEBUG, LOGTAG, "calibration: %s",
ss.str().c_str());
    // save the calibration to file
    cv::FileStorage fs("/sdcard/calibration.yml", FileStorage::WRITE);
    fs.write("cameraMatrix", cameraMatrix);
    fs.write("distCoeffs", distCoeffs);
    fs.release();
}
```

DONE 按钮将应用程序切换到 AR 模式，该模式下会将标定值用于姿态估计。

7.5　使用 jMonkeyEngine 实现增强现实

标定相机之后，让我们继续编写 AR 程序。我们将使用 jMonkeyEngine（JME）3D 渲染套件，制作一个非常简单的应用程序，它会在标记顶部显示一个简单的 3D 框。JME 功能非常强大，可以使用它来实现完整的游戏（例如 Rising World），我们可以通过额外的工作将 AR 应用程序扩展到真正的 AR 游戏中。在阅读本节时需要注意，完整的 JME 程序代码比我们在书中看到的要多得多，全部代码可以在本书的代码库中找到。

首先，我们需要使用 JME 来显示相机视图和 3D 图形。我们将创建一个存储 RGB 图像的纹理图像，并使用四边形来显示纹理。 该四边形将由**正交**相机渲染（无透视），因为它是一个没有深度的简单 2D 图像。

下面的代码将创建一个 `Quad`，一个简单的、平坦的、四个顶点组成的 3D 对象，它将以相机视图为纹理，并将其拉伸至整个屏幕。然后，在 `Quad` 上附加 `Texture2D` 对象，这样我们可以随时使用相机的新图像来替换它。最后，我们将创建一个带正交投影的相机，并连接上纹理 `Quad`。

```
// A quad to show the background texture
Quad videoBGQuad = new Quad(1, 1, true);
mBGQuad = new Geometry("quad", videoBGQuad);
final float newWidth = (float)screenWidth / (float)screenHeight;
final float sizeFactor = 0.825f;

// Center the Quad in the middle of the screen.
mBGQuad.setLocalTranslation(-sizeFactor / 2.0f * newWidth, -sizeFactor /
2.0f, 0.f);

// Scale (stretch) the width of the Quad to cover the wide screen.
mBGQuad.setLocalScale(sizeFactor * newWidth, sizeFactor, 1);

// Create a new texture which will hold the Android camera preview frame
pixels.
Material BGMat = new Material(assetManager,
"Common/MatDefs/Misc/Unshaded.j3md");
mCameraTexture = new Texture2D();
BGMat.setTexture("ColorMap", mCameraTexture);
mBGQuad.setMaterial(BGMat);

// Create a custom virtual camera with orthographic projection
Camera videoBGCam = cam.clone();
```

```
videoBGCam.setParallelProjection(true);
// Create a custom viewport and attach the quad
ViewPort videoBGVP = renderManager.createMainView("VideoBGView",
videoBGCam);
videoBGVP.attachScene(mBGQuad);
```

接下来，我们设置一个虚拟**透视** Camera 来显示 3D 图形。使用我们之前获得的标定参数非常重要，这样才能对齐虚拟相机和真实相机。我们使用标定得到的**焦距**参数来设置新相机，将新 Camera 对象的**截锥体**（视图梯形）转换为以度为单位的**视场角**（FOV）：

```
Camera fgCam = new Camera(settings.getWidth(), settings.getHeight());
fgCam.setLocation(new Vector3f(0f, 0f, 0f));
fgCam.lookAtDirection(Vector3f.UNIT_Z.negateLocal(), Vector3f.UNIT_Y);

// intrinsic parameters
final float f = getCalibrationFocalLength();

// set up a perspective camera using the calibration parameter
final float fovy = (float)Math.toDegrees(2.0f *
(float)Math.atan2(mHeightPx, 2.0f * f));
final float aspect = (float) mWidthPx / (float) mHeightPx;
fgCam.setFrustumPerspective(fovy, aspect, fgCamNear, fgCamFar);
```

相机位于原点，正面为 z 轴方向，向上为 y 轴方向，与 OpenCV 的姿态估计算法中的坐标系匹配。

最后，演示程序在背景图像上显示出虚拟立方体，并覆盖 AR 标记：

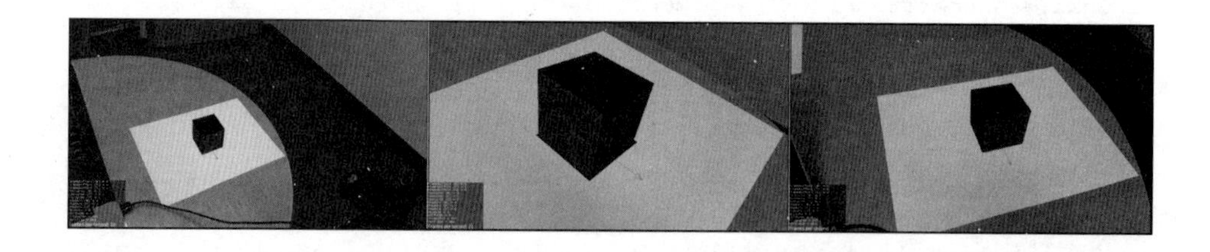

7.6　小结

本章介绍了计算机视觉中的两个关键主题：相机标定和相机 / 物体姿态估计。我们看到了在生活中涉及这些概念的理论背景，以及在 OpenCV 的 aruco contrib 模块中得以实现。最后，我们构建了一个 Android 应用程序，通过原生函数来运行 ArUco 代码，标定相机，然后检测 AR 标记。我们使用 jMonkeyEngine 3D 渲染引擎，使用 ArUco 标定和检测，创建了一个非常简单的增强现实应用程序。

在下一章中，我们将了解如何在 iOS 应用环境中使用 OpenCV 来构建全景拼接应用程序。在移动环境中使用 OpenCV 是 OpenCV 的一个非常流行的应用场景，因为 Android 和 iOS 都有相应的 OpenCV 本地代码库。

CHAPTER 8

第8章

带有拼接模块的iOS全景图

全景成像自早期摄影就已存在。在那个古老的年代（大约150年前），它被称为**全景摄影**艺术，用胶带或胶水小心翼翼地将单张照片粘在一起，以重现全景。随着计算机视觉的进步，全景拼接成为几乎所有数码相机和移动设备中的便捷工具。如今，创建全景图非常简单，只需在视图上滑动设备或相机，拼接计算就会立即进行，即刻便可查看最终的扩展场景。在本章中，将使用OpenCV的iOS预编译库在iPhone上实现简单的全景图像拼接程序。我们将首先研究图像拼接背后的一些数学和理论，再选择相关的OpenCV函数来实现它，最后将其集成到具有基本UI的iOS应用程序中。

本章将介绍以下主题：

- 介绍图像拼接和全景构建的概念
- OpenCV图像拼接模块及其函数
- 构建一个用于全景捕获的Swift iOS应用程序UI
- 将Objective-C++编写的OpenCV组件与Swift应用程序集成

8.1 技术要求

为实现本章内容，需要以下技术及设备：

- 运行macOS High Sierra v10.13+的macOSX机器（例如MacBook、iMac）

- 运行 iOS v11+ 的 iPhone 6+
- Xcode v9+
- CocoaPods v1.5+：`https://cocoapods.org/`
- 通过 CocoaPods 安装的 OpenCV v4.0

以上组件的构建说明，以及实现本章中介绍的概念的代码，将在随附的代码库中提供。

8.2　全景图像拼接方法

全景图本质上是将多幅图像融合成一幅图像。从多幅图像创建全景图的过程涉及许多步骤，有些步骤与其他计算机视觉任务相同，例如：

- 2D 特征提取
- 根据特征来匹配图像对
- 将图像变换或扭曲为统一的视图
- 拼合（混合）图像之间的接缝，以获得保持良好的连续效果的更大图像

其中一些基本操作在**运动恢复结构**（SfM）、**3D 重建**、**视觉测距**以及**同步定位与建图**（SLAM）中也很常见。我们已经在第 2 章和第 7 章中讨论了其中的一些内容。以下是全景创建过程的大致流程：

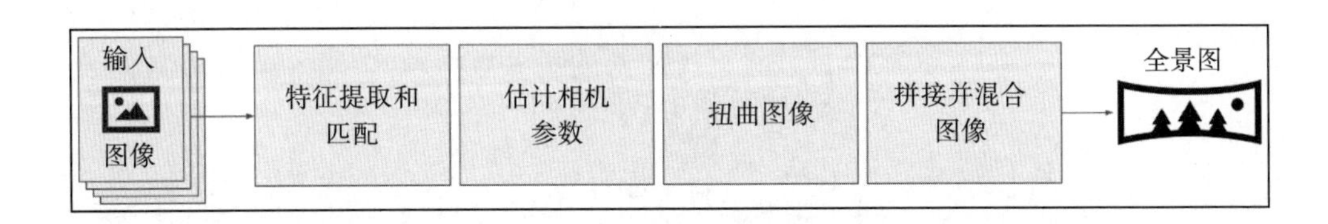

在本节中，我们将简要回顾一下特征匹配、相机姿态估计和图像扭曲。实际上，全景拼接具有多种实现方案和类别，具体取决于输入类型和所需输出。例如，针对鱼眼镜头相机（具有极大的视角），则需要特殊的处理。

8.2.1　全景图的特征提取和鲁棒匹配

我们从重叠的图像创建全景图。在重叠区域中，寻找能将两个图像**配准**（对齐）在一起的常见视觉特征。在 SfM 或 SLAM 中，我们在逐帧的基础上执行此操作，寻找实时视频序列中帧间重叠非常高的匹配特性。然而，在由图像生成全景图时，图像之间的位移可能很大，可能只有图像的 10% ～ 20% 重叠。首先，我们提取图像特征，例如**尺度不变特征变换**（SIFT）、**加速鲁棒特征**（SURF）、**定向简洁特征**（oriented BRIEF，简称 ORB）或其他类型的特征，然后在全景图像之间匹配它们。请注意，SIFT 和 SURF 功能受专利保护，不得用于商业用途。ORB 被认为是一种免费的替代方案，但鲁棒性较差。

下图显示了提取的特征及其匹配：

8.2.1.1　仿射约束

对于稳健且有意义的成对匹配，我们经常应用几何约束。其中一个约束可以是**仿射变换**，这种变换只允许进行缩放、旋转和平移。在 2D 中，仿射变换可以用 2 × 3 矩阵表示：

$$\hat{X}=\begin{pmatrix}\hat{x}\\ \hat{y}\end{pmatrix}=\begin{pmatrix}r_1 & r_2 & t_x\\ r_3 & r_4 & t_y\end{pmatrix}\begin{pmatrix}x\\ y\\ 1\end{pmatrix}=MX$$

$$\hat{M}=\underset{M}{\operatorname{argmin}}\sum_i \left\| X_i^{\mathrm{L}}-MX_i^{\mathrm{R}} \right\|_{\mathrm{L}_2}$$

为了施加约束，我们寻找一个仿射变换 $\hat{M}$，以最大限度地减少从左图像 X_i^{L} 到右图像 X_i^{R} 匹配点之间的距离（误差）。

8.2.1.2　随机样本一致性

上图也说明了这样一个事实：不是所有的点都符合仿射约束，将大多数匹配的对都丢弃是不正确的。因此，在大多数情况下，我们采用了一种基于投票的估计方法，例如**随机样本一致性**（RANSAC）算法，即随机选取一组点来直接求解 M 的假设（通过一个齐次线性系统），然后在所有点之间进行投票以支持或拒绝该假设。

以下是 RANSAC 的伪算法：

1. 寻找图像 i 与图像 j 之间的匹配点。
2. 初始化图像 i 和图像 j 之间变换的假设，使用最小化支持。
3. 当没有收敛时：

1）选择一组小的随机点对。对于仿射变换，三对就足够了。

2）直接对该集合计算其仿射变换 T，例如用线性方程组来计算。

3）循环 i、j 匹配对的每个点 p，计算支持值：

如果图像 j 中的变换后的点与图像 i 中的匹配点之间的距离（误差）小于一个小的阈值 t：$\|p_i - Tp_j\| < t$，则支持计数器加 1。

4）如果支持计数大于以前假设的支持值，则将 T 作为新的假设。

5）可选：如果支持值足够大（或者满足中断条件），则跳出循环；否则，继续迭代。

4. 返回最新且支持度最好的假设变换。
5. 此外，返回**支持掩码**：它是一个二进制变量，表明匹配点是否支持最终假设。

算法的输出将提供具有最高支持的变换，支持掩码则可用于丢弃不支持的点。我们也可以从中得到支持点的数量，例如，如果我们观察到支持点不到 50%，就可以认为这个匹配不合适，不再试图匹配这两个图像。

有一些 RANSAC 的替代方案，例如**最小中值**（LMedS）算法，它与 RANSAC 并无太大区别，但是它不**计算支持点**，而是计算每个变换假设的平方误差的中值，最后返回具有最小中值平方误差的假设。

8.2.1.3　单应性约束

虽然仿射变换对于拼接扫描文档（例如，从平板扫描仪）有用，但它不能用于拼接照片全景图。对于拼接照片，我们可以使用相同的过程来找到单应性：一个平面到另一个平面之间的变换，而非仿射变换，它具有八个自由度，以 3×3 矩阵表示如下：

$$\hat{X}=s\begin{pmatrix}\hat{x}\\ \hat{y}\\ 1\end{pmatrix}=\begin{pmatrix}h_1 & h_2 & h_3\\ h_4 & h_5 & h_6\\ h_7 & h_8 & 1\end{pmatrix}\begin{pmatrix}x\\ y\\ 1\end{pmatrix}=HX$$

一旦找到了正确的匹配，我们就可以找到图像间的顺序来为全景图进行排序，本质上这是为了理解图像如何相互关联。在大多数情况下，全景图拍摄都会假设摄影师（相机）站着不动，仅在其轴上进行旋转，例如从左向右扫视。因而，我们的目标是恢复相机姿态之间的旋转分量。如果我们将输入视为纯粹的旋转变换：$\hat{X}=HX=KRK^{-1}X$，则可以分解单应性变换以恢复其旋转变换。如果我们假设单应性由相机内参矩阵 K 和 3×3 旋转矩阵 R 组成。我们可以在知道 K 后恢复 R。内参矩阵可以提前由相机标定计算，也可以在全景创建过程中估计得出。

8.2.1.4　光束平差法

当在所有的照片对之间都已经实现局部变换后，我们可以通过全局步骤来进一步优化我们的解。这被称为**光束平差法**（bundle adjustment）过程，它被广泛应用于所有重建参数（相机或图像变换）的全局优化。如果图像之间的所有匹配点都放置在相同的坐标系中，例如，一个 3D 空间，并且存在跨越两个以上图像的约束，那就是光束平差法大显身手的时候。例如，如果一个特征点出现在全景图中的两个以上的图像中，它可能对全局优化很有用，因为它涉及了定位三个或多个视图。

使用光束平差法的目的大多数是使**重建误差**最小化。这意味着，通过找出视图参数的近似值（例如，相机或图像转换），让重新投影的 2D 点与原视图上的点的误差最小。其数学表达方式如下：

$$\left\{\hat{T}\right\}_{j=1}^{n_{\text{images}}}=\underset{\{T\}_{j=1}^{n_{\text{images}}}}{\arg\min}\sum_{i=1}^{n_{\text{points}}} v_{ij}\left\|X_i-\text{Proj}(T_j,X_i)\right\|^2$$

我们寻找最佳相机或图像转置 T，使得原始点 X_i 与重投影点 $\text{Proj}(T_j,X_i)$ 之间的距离最小。二值变量 v_{ij} 表明点 i 是否在图像 j 中可见，由此作为损失函数的权重。这类优化问题可以用**迭代非线性最小二乘**求解器（例如 Levenberg-Marquardt）来解决，因为之前的 Proj 函数通常是非线性的。

8.2.2　变形图像，以便全景创建

一旦知道图像之间的单应性后，我们可以应用它们的逆变换将所有图像投影到同一平面上。然而，如果将所有图像都投影在同一平面上，则使用单应性会直接变形，最终得到拉伸的外观。下图是采用连续单应性（透视）扭曲的 4 张图像的拼接，这意味着所有图像都合成到第一张图像的平面上，形成了拙陋的拉伸效果：

为了解决这个问题，我们将全景图看作是从一个圆柱体内部来观察图像，图像被投影在圆柱体的柱壁上，然后我们在中心旋转相机。为了达到此效果，我们首先需要将图像弯曲到**柱面坐标**中，如同圆柱体的圆壁被展开，并平展成矩形一样。下图解释了圆柱形弯曲的过程：

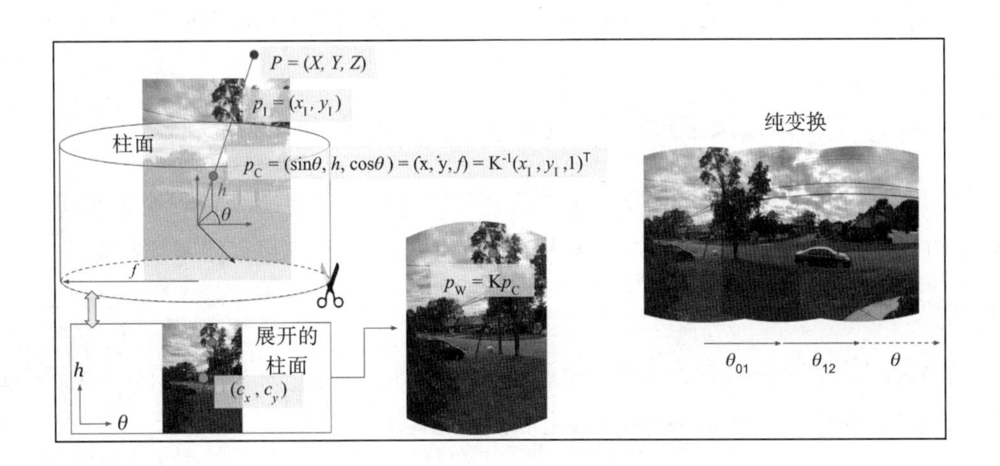

为了将图像包裹在柱面坐标系内，我们首先应用内参矩阵的逆矩阵来获得标定化坐标下的像素。现在假设像素是圆柱体表面上的一个点，它由高度 h 和角度 θ 参数化表示。高度 h 基本上对应于 y 坐标，而 x 和 z（相对于 y 彼此垂直）存在于一个单位圆上，因此分别对应于 $\sin\theta$ 和 $\cos\theta$。为了获得与原始图像相同像素大小的扭曲图像，我们可以再次应用本征矩阵 K，也可以改变焦距参数 f，从而影响全景图的输出分辨率。

在圆柱变形模型中，图像之间是纯粹的平移关系，实际上由单个参数 θ 控制。为了将图像拼接在同一平面中，我们只需要找出只有一个自由度的 θ 角，这比在每两个连续图像之间找到八个参数进行单应性要简单得多。圆柱形方法的一个主要缺点为：假设相机的旋转轴运动与其向上的轴完全对齐，并且在其位置上保持静止，对于手持式相机几乎完全不可能。不过，圆柱形全景图能产生令人满意的结果。变形模型的另一个选择是**球面坐标**，它允许在 x 轴和 y 轴上有更多的选择来拼接图像。

8.3 项目概况

该项目将包括以下两个主要部分：

- iOS 应用程序支持捕获全景图
- 使用 OpenCV Objective-C++ 代码从图像创建全景图并集成到应用程序中

iOS 代码主要涉及构建用户界面、访问相机和捕捉图像。然后，我们将侧重于将图像输入到 OpenCV 数据结构中，并利用 `stitch` 模块实现图像拼接功能。

8.4 用 CocoaPods 设置 iOS OpenCV 项目

要在 iOS 中开始使用 OpenCV，必须先导入为 iOS 设备编译的库。用 CocoaPods 很容易实现这一点，CocoaPods 是一个庞大的 iOS 和 macOS 外部包存储库，附带了一个名为 `pod` 的命令行包管理器实用工具。

我们首先使用*单一视图应用程序模板*，为 iOS 创建一个空的 Xcode 项目，请确保选择一个 Swift 项目，不要选择 Objective-C。Objective-C++ 代码将在稍后添加。

在某个目录中初始化项目后，在该目录中的终端中执行 pod init 命令。这将在目录中创建一个名为 Podfile 的新文件。我们需要编辑该文件，如下所示：

```
# Uncomment the next line to define a global platform for your project
# platform :ios, '9.0'

target 'OpenCV Stitcher' do
  use_frameworks!
  # Pods for OpenCV Stitcher
  pod 'OpenCV2', '4.0.0.beta'
end
```

基本上，只需将 pod'OpenCV2', '4.0.0' 添加到 target 中，CocoaPods 就会在我们的项目中下载并解压 OpenCV 框架。之后，我们在终端中的当前目录下运行 pod install，它将设置我们的项目和 Workspace 中包含的所有 Pod（本例中只是 OpenCV v4）。需要注意：要开始处理这个项目，我们打开 $(PROJECT_NAME).xcworkspace 文件，而不是 Xcode 项目中通常使用的 .xcodeproject 文件。

8.5　用于全景捕捉的 iOS UI

在深入研究将图像集合转换为全景图的 OpenCV 代码之前，我们将首先构建一个 UI，以轻松捕获重叠图像序列。首先，我们必须确保能够访问相机以及保存的图像。打开 Info.plist 文件并添加以下三行：

OpenCV Stitcher 〉 OpenCV Stitcher 〉 Info.plist 〉 No Selection

Key	Type	Value
▼ Information Property List	Dictionary	(17 items)
Privacy - Photo Library Additions...	String	This app uses the photo library for saving images
Privacy - Photo Library Usage Des...	String	This app uses the photo library for saving images
Privacy - Camera Usage Description	String	This app uses the camera for creating panoramas
Localization native development re...	String	$(DEVELOPMENT_LANGUAGE)
Executable file	String	$(EXECUTABLE_NAME)
Bundle identifier	String	$(PRODUCT_BUNDLE_IDENTIFIER)
InfoDictionary version	String	6.0
Bundle name	String	$(PRODUCT_NAME)
Bundle OS Type code	String	APPL
Bundle versions string, short	String	1.0
Bundle version	String	1
Application requires iPhone enviro...	Boolean	YES
Launch screen interface file base...	String	LaunchScreen
Main storyboard file base name	String	Main
▼ Required device capabilities	Array	(1 item)
Item 0	String	armv7
▶ Supported interface orientations	Array	(3 items)
▶ Supported interface orientations (i...	Array	(4 items)

为了构建UI，我们创建一个视图，右侧放置摄像头预览的`View`对象，左侧放置是重叠的`ImageView`对象。`ImageView`应覆盖相机预览视图的某些区域，帮助并指导用户捕获与上一个图像有足够重叠的图像。我们还可以在顶部添加几个`ImageView`实例来显示之前捕获的图像，在底部添加一个Capture按钮和一个Stitch按钮来控制应用程序流：

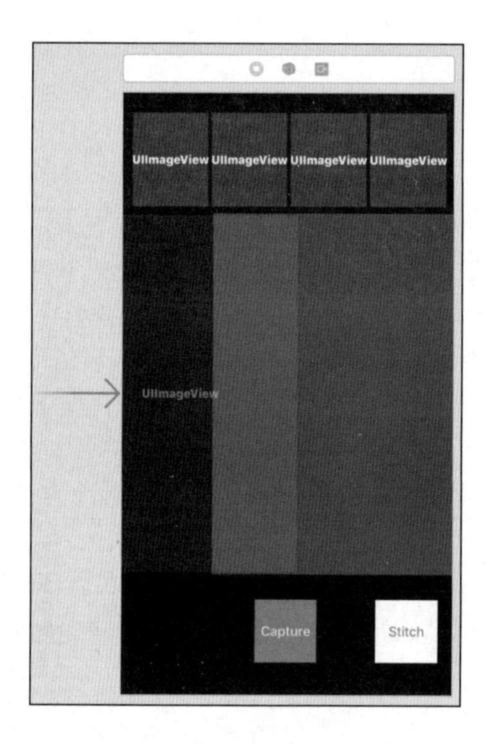

要将相机预览连接到预览视图，我们必须执行以下操作：

1. 启动捕获会话（`AVCaptureSession`）
2. 选择一个设备（`AVCaptureDevice`）
3. 使用设备输入设置以捕获会话（`AVCaptureDeviceInput`）
4. 添加用于捕获照片的输出（`AVCapturePhotOutput`）

其中大部分参数可以在初始化为`ViewController`类的成员时立即设置。以下代码显示了如何动态设置捕获会话、设备和输出：

```
class ViewController: UIViewController, AVCapturePhotoCaptureDelegate {

    private lazy var captureSession: AVCaptureSession = {
        let s = AVCaptureSession()
        s.sessionPreset = .photo
        return s
    }()
    private let backCamera: AVCaptureDevice? =
AVCaptureDevice.default(.builtInWideAngleCamera, for: .video, position:
.back)

    private lazy var photoOutput: AVCapturePhotoOutput = {
        let o = AVCapturePhotoOutput()
        o.setPreparedPhotoSettingsArray([AVCapturePhotoSettings(format:
[AVVideoCodecKey: AVVideoCodecType.jpeg])], completionHandler: nil)
        return o
    }()
    var capturePreviewLayer: AVCaptureVideoPreviewLayer?
```

初始化的其余部分可以通过 viewDidLoad 函数完成，例如，将捕获输入添加到会话中，并创建一个预览层，以便在屏幕上显示相机提要。下面的代码显示初始化过程的其余部分，将输入和输出添加到捕获会话中，并设置预览层。

```
    override func viewDidLoad() {
        super.viewDidLoad()

        let captureDeviceInput = try AVCaptureDeviceInput(device:
backCamera!)
        captureSession.addInput(captureDeviceInput)
        captureSession.addOutput(photoOutput)

        capturePreviewLayer = AVCaptureVideoPreviewLayer(session:
captureSession)
        capturePreviewLayer?.videoGravity =
AVLayerVideoGravity.resizeAspect
        capturePreviewLayer?.connection?.videoOrientation =
AVCaptureVideoOrientation.portrait
        // add the preview layer to the view we designated for preview
        let previewViewLayer = self.view.viewWithTag(1)!.layer
        capturePreviewLayer?.frame = previewViewLayer.bounds
        previewViewLayer.insertSublayer(capturePreviewLayer!, at: 0)
        previewViewLayer.masksToBounds = true
        captureSession.startRunning()
    }
```

设置预览后，剩下的就是在点击时处理照片捕获。以下代码显示了按钮单击（TouchUpInside）将如何通过 delegate 触发 photoOutput 功能，然后只需将新图像添加到列表中，并将其保存到相册中的内存中。

```
@IBAction func captureButton_TouchUpInside(_ sender: UIButton) {
    photoOutput.capturePhoto(with: AVCapturePhotoSettings(), delegate:
self)
}

var capturedImages = [UIImage]()

func photoOutput(_ output: AVCapturePhotoOutput, didFinishProcessingPhoto
photo: AVCapturePhoto, error: Error?) {
    let cgImage = photo.cgImageRepresentation()!.takeRetainedValue()
    let image = UIImage(cgImage: cgImage)
    prevImageView.image = image // save the last photo, for the overlapping
ImageView
    capturedImages += [image] // add to array of captured photos
    // save to photo gallery on phone as well
    PHPhotoLibrary.shared().performChanges({
            PHAssetChangeRequest.creationRequestForAsset(from: image)
    }, completionHandler: nil)
}
```

这将允许我们连续捕获多个图像，同时帮助用户将上一张图像与下一张图像对齐。下图为手机上运行的 UI 的示例：

接下来，我们将看到如何将图像输入到一个 Objective-C++ 模块中，我们可以在模块里使用 OpenCV C++API 进行全景拼接。

8.6 Objective-C++ 包装器中的 OpenCV 拼接

对于 iOS 中的工作，OpenCV 提供了可供 Objective-C++ 调用的常用 C++ 接口。然而，近年来，Apple 鼓励 iOS 应用程序开发人员使用更通用的 Swift 语言来构建应用程序，并放弃 Objective-C。幸运的是，可以在 Swift 和 Objective-C（以及 Objective-C++）之间轻松地建立一个桥梁，从而允许我们用 Swift 来调用 Objective-C 函数。Xcode 自动完成了这个过程的大部分工作，并创建了必要的黏合代码。

首先，我们在 Xcode 中创建一个新文件（`Command-N`）并选择 **`Cocoa Touch Class`**，如下图所示：

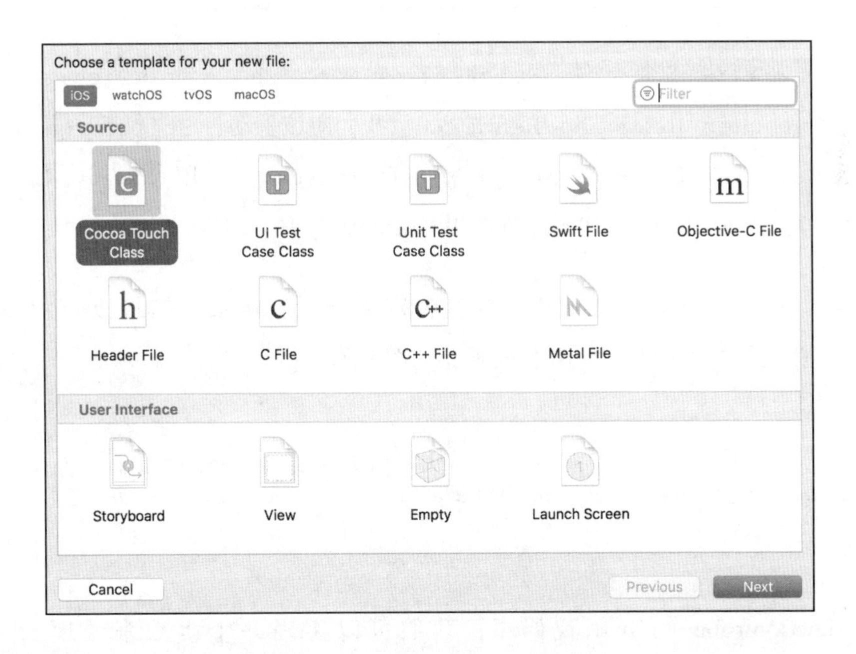

给文件选择一个有意义的名称（例如，StitchingWrapper），并确保选择 **`Objective-C`** 作为语言，如下面的屏幕截图所示。

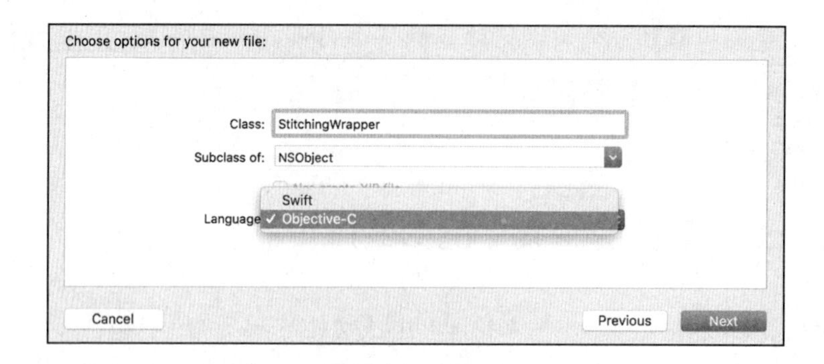

接下来，按 Create Bridging Header 按钮，确认 Xcode 为你的 Objective-C 代码创建桥接头，如下图所示：

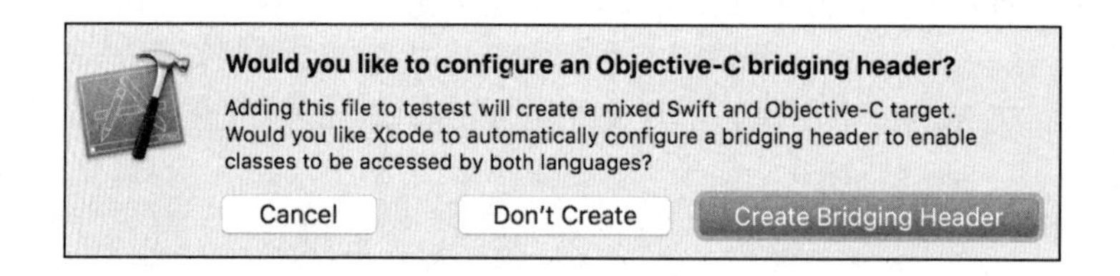

此过程将产生三个文件：`StitchingWrapper.h`.`StitchingWrapper.m` 和 `OpenCV Stitcher-Bridging-Header.h`。我们应该手动将 `StitchingWrapper.m` 重命名为 `StitchingWrapper.mm`，以便在 Objective-C 上启用 Objective-C++。此时，我们准备书写 Objective-C++ 代码，以使用 OpenCV。

在 `StitchingWrapper.h` 中，我们将定义一个新函数，它将接受 `NSMutableArray*` 作为我们之前的 UI Swift 代码捕获的图像列表：

```
@interface StitchingWrapper : NSObject
+ (UIImage* _Nullable)stitch:(NSMutableArray*) images;
@end
```

在 ViewController 的 Swift 代码中，我们可以实现一个函数来处理 Stitch 按钮上的点击，在该函数中，我们从 `UIImage` 的 `capturedImages` Swift 数组创建 `NSMutableArray`：

```
@IBAction func stitch_TouchUpInside(_ sender: Any) {
    let image = StitchingWrapper.stitch(NSMutableArray(array:
capturedImages, copyItems: true))
    if image != nil {
        PHPhotoLibrary.shared().performChanges({ // save stitching result
to gallery
                PHAssetChangeRequest.creationRequestForAsset(from: image!
        }, completionHandler: nil)
    }
}
```

切回到 Objective-C++ 代码中，首先我们需要从 `UIImage*` 的输入中获取 OpenCV `cv::Mat` 对象，如下所示：

```
+ (UIImage* _Nullable)stitch:(NSMutableArray*) images {
    using namespace cv;
    std::vector<Mat> imgs;
    for (UIImage* img in images) {
        Mat mat;
        UIImageToMat(img, mat);
        if ([img imageOrientation] == UIImageOrientationRight) {
            rotate(mat, mat, cv::ROTATE_90_CLOCKWISE);
        }
        cvtColor(mat, mat, cv::COLOR_BGRA2BGR);
        imgs.push_back(mat);
    }
```

最后，我们针对图像数组来调用 `stitching` 函数，如下所示：

```
Mat pano;
Stitcher::Mode mode = Stitcher::PANORAMA;
Ptr<Stitcher> stitcher = Stitcher::create(mode, false);
try {
    Stitcher::Status status = stitcher->stitch(imgs, pano);
    if (status != Stitcher::OK) {
        NSLog(@"Can't stitch images, error code = %d", status);
        return NULL;
    }
} catch (const cv::Exception& e) {
    NSLog(@"Error %s", e.what());
    return NULL;
}
```

使用此代码创建的输出全景图示例如下图所示（请注意使用了柱面化）。

你可能会注意到四个图像之间的光照发生了一些变化，而边缘已经混合在一起了。在 OpenCV 图像拼接 API 中，可以使用 `cv::detail::ExposureCompensator` 基础 API 来解决不同光照的问题。

8.7 小结

在这一章中，我们学习了全景图的创建。我们已经看到了全景创作的一些基础理论和实践，这些理论和实践都是在 OpenCV 的 `stitching` 模块中实现了。然后，我们把注意力转向创建 iOS 应用程序，该应用程序可帮助用户捕获具有重叠视图的全景拼接图像。最后，我们看到了如何从 Swift 应用程序中调用 OpenCV 代码，对捕获的图像运行 `stitching` 函数，从而生成一个完整的全景图。

下一章将重点讨论 OpenCV 算法的选择策略。我们将了解如何推断计算机视觉问题，及其在 OpenCV 中的解决方案，以及如何对竞争算法进行比较，以便做出明智选择。

8.8 进一步阅读

- Rick Szeliski 关于计算机视觉的书：http://szeliski.org/Book/
- OpenCV 关于图像拼接的教程：https://docs.opencv.org/trunk/d8/d19/tutorial_stitcher.html
- OpenCV 关于单应性变形的教程：https://docs.opencv.org/3.4.1/d9/dab/tutorial_homography.html#tutorial_homography_Demo5

CHAPTER 9

第9章

为项目找到最佳 OpenCV 算法

任何计算机视觉问题都可以用不同的方法来解决。每种方法都有其优点和缺点，以及成功的相对衡量标定，这取决于数据、资源或目标。使用 OpenCV 时，计算机视觉工程师手中有许多算法选项来解决给定的任务。以明智的方式做出正确的选择，非常重要，因为它会对整个解决方案的成功产生巨大影响，并防止你陷入死胡同。本章将讨论在考虑 OpenCV 中的选择时要遵循的一些原则。我们将讨论，在 OpenCV 所涵盖的计算机视觉领域，如果存在多个竞争算法，如何在它们之间进行选择，如何度量算法的成功，以及如何通过管道以稳健的方式衡量成功。

本章将介绍以下主题：

- OpenCV 中是否包含了计算机视觉中的主题与相关的算法
- 对 OpenCV 中包含多个可用解决方案的主题而言，到底应当选择哪种算法
- 如何知道哪种算法最佳？建立衡量算法成功的指标
- 在同一数据集上，使用管道来测试不同算法

9.1 技术要求

本章使用的技术和设备如下：

- 带 Python 绑定的 OpenCV v3 或 v4

- Jupyter Notebook 服务器

上面列出的组件的构建说明以及实现本章所述概念的代码将在随附的代码存储库中提供。

9.2　方案是否包含在 OpenCV 中

当第一次面对计算机视觉问题时，任何工程师都会有这样的疑问：应该从零开始、从一篇论文中或已知的方法开始，实现一个解决方案，还是使用现有的解决方案，并使其适应自己的需求？

这个问题与 OpenCV 中提供的实现紧密相关。幸运的是，OpenCV 对通用和特定的计算机视觉任务都有非常广泛的覆盖。另一方面，并非所有 OpenCV 实现都能轻松地应用于给定的问题。例如，虽然 OpenCV 也提供了一些对象识别和分类函数，但它远达不到在会议和文献中看到的最先进的计算机视觉的效果。在过去的几年里，当然在 OpenCV v4.0 中，我们努力将深度卷积神经网络与 OpenCV API（通过 dnn 核心模块）轻松地集成在一起，这样工程师就可以享用所有最新和最好的工作。

我们尽量列出了当前在 OpenCV v4.0 中提供的算法，以及对它们对计算机视觉主题覆盖范围的大体评估。我们还注意到 OpenCV 是否提供了 GPU 加速的算法范围，它们覆盖了核心模块，还是 contrib 模块？contrib 模块形形色色，有些模块非常成熟，提供文档和教程（例如 tracking），而另一些模块是黑盒实现，文档非常差（例如 xObjectDetect）。如果函数位于核心模块，那将是一个好兆头，因为这意味着有足够的文档、示例和健壮性。

以下是计算机视觉的主题列表，以及它们在 OpenCV 中提供的级别：

主题	覆盖范围	OpenCV 提供	核心？	GPU？
图像处理	很好	线性和非线性滤波、转换、颜色空间、直方图、形状分析、边缘检测	是	好
特征检测	很好	角点检测、关键点提取、描述符计算	核心 + 贡献	差

（续）

主题	覆盖范围	OpenCV 提供	核心?	GPU？
分割	中等	分水岭算法、轮廓和连接组件分析、二值化和阈值化、抓取、前景背景分割、超像素	核心 + 贡献	差
图像对齐、拼接、稳定	好	全景拼接管道、视频稳定管道、模板匹配、变换估计、变形、无缝拼接	核心 + 贡献	差
运动结构	差	相机姿态估计、本征和基本矩阵估计、与外部 SfM 库集成	核心 + 贡献	无
运动估计、光流、跟踪	好	光流算法、卡尔曼滤波、目标跟踪框架、多目标跟踪	大部分是贡献	差
立体和 3D 重建	好	立体匹配框架、三角测量、结构光扫描	核心 + 贡献	好
相机标定	很好	从多个模式校准、立体校准	核心 + 贡献	无
对象检测	中等	级联分类器、二维码检测器、人脸标记检测器、三维对象识别、文本检测	核心 + 贡献	差
对象识别、分类	差	Eigen 和 Fisher 人脸识别、文字袋	大部分是贡献	无
计算摄影	中等	去噪、HDR、超分辨率	核心 + 贡献	无

虽然 OpenCV 在传统的计算机视觉算法（如图像处理、相机标定、特征提取等）方面做了大量的工作，但对 SfM、对象分类等重要主题的覆盖率仍很低。在其他主题（如图像分割）中它提供了一个相当不错的功能，但仍然达不到当前最先进的技术，尽管其算法已经转换为卷积网络，并且用 `dnn` 模块加以了实现。

在一些主题中，如特征检测、提取和匹配，以及相机标定，OpenCV 被认为是当今最全面、免费和可用的库，在成千上万的程序中使用。然而，在计算机视觉项目的实现过程中，工程师可能会考虑在原型设计阶段之后就不再使用 OpenCV，因为库很大，并且会显著增加构建和部署的开销（尤其对移动应用程序而言，是一个严重问题）。此时，OpenCV 是一个很好的原型设计工具，因为它提供了广泛的功能，可以针对相同的任务在不同算法之间进行选择，例如计算二维特征，这对测试也很有用。除了原型阶段之外，许多其他因素变得更加重要，例如执行环境、代码的稳定性和可维护性、权限和许可等。此时，需要综合考量 OpenCV 能否满足产品的需求。

9.3　OpenCV 中的算法选项

OpenCV 有许多涉及同一主题的算法。在实现新的处理管道时，有时管道中的一个步骤有多个选择。例如，在第 2 章中，我们决定使用 AKAZE 功能来查找图像之间的标记以估计相机运动和稀疏 3D 结构；然而，在 OpenCV 的 features2D 模块中，有更多种类的 2D 功能可用。一个更明智的操作方案应该是根据其性能选择要使用的特征算法类型，并考虑具体的需要。至少，我们需要意识到，有多种方法可选择。

同样，我们希望有一个方便的方法来查看同一个任务是否有多个选项。我们创建了一个表，列出了针对某种计算机视觉任务时在 OpenCV 中具有多少实现算法。我们还对算法是否有一个通用的抽象 API 尽量进行了标记，从而在代码中可以轻松且完全地互换。虽然 OpenCV 提供了 cv::Algorithm 基类抽象，用于它的大多数算法（如果不是所有的话），但抽象的级别太高，无力实现多态性和可互换性。在对算法的遍历过程中，我们排除了机器学习算法（ml 模块和 cv::StatsModel 通用 API），因为它们不是合适的计算机视觉算法，以及低级别的图像处理算法，实际上它们有的实现相互重叠（例如，霍夫检测器系列）。我们还排除了几个核心主题的 GPU CUDA 实现，例如对象检测、背景分割、2D 特征等，因为它们都有 CPU 实现，只是 CPU 实现的可替代副本。

OpenCV 实现了以下多个主题：

主题	实现	基类 API?
光流	video 模　块：SparsePyrLKOpticalFlow, FarnebackOpticalFlow, DISOpticalFlow, VariationalRefinement optflow 贡献模块：DualTVL1OpticalFlow, OpticalFlowPCAFlow	是
对象跟踪	track 贡献模块：TrackerBoosting, TrackerCSRT, TrackerGOTURN, TrackerKCF, TrackerMedianFlow, TrackerMIL, TrackerMOSSE, TrackerTLD External: DetectionBasedTracker	是①
对象检测	objdetect 模块：CascadeClassifier, HOGDescriptor, QRCodeDetector, linemod 贡献模块：Detector aruco 贡献模块：aruco::detectMarkers	否②
2D 特征	OpenCV 最稳定的通用 API。 features2D 模　块：AgastFeatureDetector, AKAZE, BRISK, FastFeatureDetector, GFTTDetector,KAZE, MSER, ORB,SimpleBlobDetector xfeatures2D 贡献模块：BoostDesc, BriefDescriptorExtractor, DAISY, FREAK, HarrisLaplaceFeatureDetector, LATCH, LUCID, MSDDetector, SIFT, StarDetector, SURF, VGG	是
特征匹配	BFMatcher, FlannBasedMatcher	是
背景擦除	video 模块 BackgroundSubtractorKNN, BackgroundSubtractorMOG2 bgsegm 贡献模块：BackgroundSubtractorCNT, BackgroundSubtractorGMG, BackgroundSubtractorGSOC, BackgroundSubtractorLSBP, BackgroundSubtractorMOG	是

（续）

主题	实现	基类 API?
相机标定	calib3d 模块：calibrateCamera, calibrateCameraRO, stereoCalibrate aruco 贡献模块：calibrateCameraArcuo, calibrateCameraCharuco ccalib 贡献模块：omnidir::calibrate, omnidir::stereoCalibrate	否
立体重建	calib3d 模块：StereoBM, StereoSGBM stereo 贡献模块：StereoBinaryBM, StereoBinarySGBM ccalib 贡献模块：omnidir::stereoReconstruct	部分③
姿态估计	solveP3P, solvePnP, solvePnPRansac	否

①仅适用于 contrib 模块中的 track 类。

②某些类共享同名的函数，但没有继承自抽象类。

③每个模块本身都有一个基类，但不能跨模块共享。

在处理问题时，不要过早地直接指定算法。我们可以使用上面的表格查看存在的选项，然后进行尝试。接下来，我们将讨论如何从一个选项池中进行选择。

9.4　哪种算法最好

计算机视觉知识是由学界长达数十年的研究和追求得到的。与许多其他学科不同的是，计算机视觉并不是垂直向上、递进发展的，这意味着对于一个给定问题，新的解决方案并不总是更好的，而且可能没有基于前面的工作。作为一个应用领域，计算机视觉算法关注以下几个方面，这也可以解释为什么是非垂直发展的：

- **计算资源**：CPU、GPU、嵌入式系统、内存占用、网络连接
- **数据**：图像大小、图像数量、图像流（摄像头）数量、数据类型、顺序、照明条件、场景类型等
- **性能要求**：实时输出或其他时间限制（例如，人类感知）、准确性和精度
- **元算法**：算法的简单性（参考奥卡姆剃刀定律）、实现系统和外部工具、形式化证明的可用性

由于每一种算法都是为了满足某一个考虑因素而创建的，因此，如果没有对其中的一部分或全部进行适当的测试，人们永远无法确定它是否会优于其他算法。当然，即便 OpenCV 确实提供了许多可用的实现，测试给定问题的所有算法是不现实的。另一方面，

如果计算机视觉工程师不考虑由于他们的算法选择而使他们的实现不是最佳的可能性，他们将会是失职的。这在本质上源自没有免费午餐定理，该定理概括地说，在所有可能的数据集中，没有一种算法是最好的。

因此，在确定最佳算法之前，测试一组不同的算法选项是非常受欢迎的做法。但是我们如何找到最好的呢？最佳这个词意味着每个算法都会比其他算法更好（或更糟），这反过来意味着存在一个客观的尺度或度量，它们都是按顺序打分和排序的。显然，我们无法对所有问题中的所有算法设定一个单一的**度量**标定，每个问题都有自己的度量。在很多时候，一个成功的度量标定是：对**误差**进行度量，误差来自人类或我们可以信任的其他算法的已知**基准值**与算法结果的偏差。在优化中，这被称为**损失函数**或成本函数，我们希望最小化（有时最大化）这个函数，以便找到得分最低的最佳选项。另一类重要的度量不太关心输出精度（例如错误），而更多地关心运行时间、内存占用、容量和吞吐量等。

以下是我们在选择的计算机视觉问题中可能看到的度量的部分列表：

任务	度量标定示例
重建、配准、特征匹配	**平均绝对误差**（MAE）、**均方误差**（MSE）、**均方根误差**（RMSE）、**平方距离之和**（SSD）
对象分类、识别	准确度、精确率、召回率、f1 值、**假正类率**（FPR）
分割，目标检测	**检测评价函数**（IoU）
特征检测	重复性、精确率、召回率

找到给定任务的最佳算法的原因是要么在测试场景中设置我们可以使用的所有选项，并在选择的度量上测量它们的性能，要么在标定实验或数据集上获得其他人的测量。应该选择排名最高的选项，其中排名是由度量的组合派生的（在只有一个度量的情况下，这是一个简单的任务）。接下来，我们将亲自尝试这样一个任务，并在最佳算法上做出明智的选择。

9.5　算法性能比较的示例

作为演示，先让我们设置这样一个场景：我们需要对齐重叠的图像，就像在全景或航空照片拼接中所做的那样。首先，我们需要进行性能测量的图像要有一个**基准值**，即一个真实环境中的精确测量，我们试图用近似方法来恢复真实情况。基准值可以从研究人员可用的数据集中获得，以测试和比较他们的算法；事实上存在许多这样的数据集，计算机视觉研究人员也一直在使用它们。查找计算机视觉数据集的一个很好的资源是 Yet Another Computer Vision Index To Datasets（YACVID）（https://riemenschneider.hayko.at/vision/dataset/），在过去 8 年中一直在积极维护，包含数百个数据集链接。以下也是一个很好的数据资源：https://github.com/jbhuang0604/awesome-computer- vision#datasets。

然而，本文将选择一种不同的方法来获得基准值，这在计算机视觉文献中非常常见。我们将在可控参数范围内创建一个人为的场景，并建立一个基准测试，我们可以改变参数来测试算法的不同方面。在本例中，我们将一张图像拆分为两张重叠的图像，并对其中一张进行一些转换。再反过来，利用我们的算法将图像重新融合，试图重建原始图像，但算法的局限性可能让这个过程不再完美。我们在选择系统中的算法部分时所做的任何选择（例如，2D 特征的类型、特征匹配算法和变换恢复算法）都将影响最终结果，我们将对其进行测量和比较。利用人工的基准值，我们可以在很大程度上控制试验的条件和水平。

看看下面的图像及其进行的双向重叠分割：

图像来源：https://pixabay.com/en/forest-forests-tucholski-poland-1973952/

我们保持左边的图像不变的同时，对右边的图像执行人工转换，以查看算法能够在多大程度上还原它们。为了简单起见，我们将只在指定的几种角度中旋转右图像，如下所示：

我们在中间添加一个没旋转过的图像，然后只对右图像进行了些转换。这样，基准数据构造完毕，我们确切地知道发生了什么转换，以及原始输入是什么。

我们的目标是测量不同 2D 特征描述符在对齐图像方面的成功程度。衡量成功的标定之一是重新拼接后的图像的像素的**均方误差**（MSE）值。如果转换恢复程度不好，像素将不能完美地对齐，因此 MSE 会很高。当 MSE 接近零时，我们知道拼接做得很好。事实上，我们可能还希望知道哪个特征算法性能最优，为此，我们还需要测量执行时间。最终，算法的思路如下：

1. 将原始图像分割为左图像和右图像。

2. 对于每种特征类型（SURF、SIFT、ORB、AKAZE、BRISK），执行以下操作：

（1）在左图中找到关键点和特征。

（2）对于每个旋转角 [−90,−67，...，67,90) 执行以下操作：

1）按旋转角度旋转右侧图像。

2）找到右旋转图像中的关键点和特征。

3）匹配右旋转图像和左旋转图像之间的关键点。

4）估计一个刚性的 2D 变换。

5）根据估计进行变换。

6）使用原始的未分割图像测量最终结果的 MSE。

7）测量提取、计算和匹配特性并执行对齐所需的总**时间**。

作为优化速度，我们可以缓存旋转的图像，不用在每次选择特征类型时都重复计算它们。 算法的其余部分保持不变。 此外，为了在时间方面保持公平，每种特征类型（例如，2500 个关键点）都应当提取相似数量的关键点，这可以通过设置关键点提取功能的阈值来实现。

注意，对齐执行管道与特征的类型无关，只要有匹配的关键点，都一样进行对齐。对测试不同的特征选项而言，这一点非常重要。使用 OpenCV 的 `cv::Feature2D` 和 `cv::DescriptorMatcher` 公共基础 API，可以实现这一点，因为所有的特性和匹配器都可以实现它们。不过，如果你看一下 9.2 节中的表，就可以知道，它并不能适用于

OpenCV 中的所有视觉问题，因此，我们可能需要添加自己的实现代码，才能进行比较。

在随附的代码中，我们可以找到此例程的 Python 实现，它提供了以下结果。 为了测试旋转不变性，我们改变角度并测量重建 MSE：

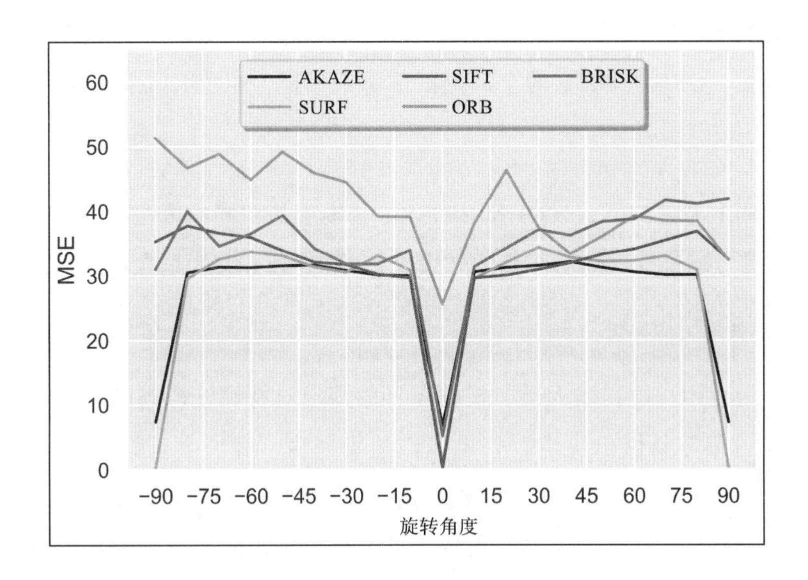

在实验中，我们还记录了每种特征类型的平均 MSE 以及平均执行时间，如下图所示：

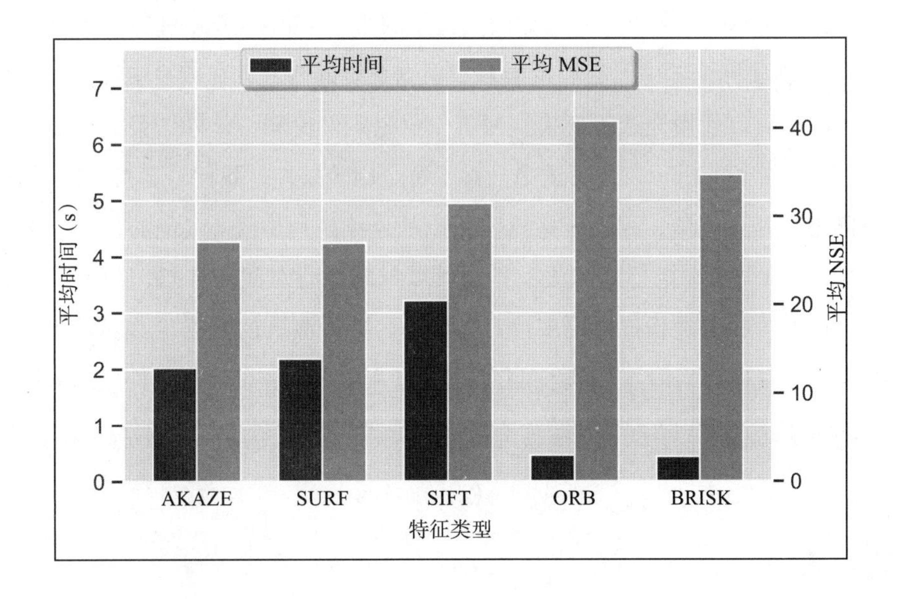

结果分析：我们可以清楚地看到有一些特征算法在 MSE 方面明显优于其他算法，无论是在不同的旋转角度还是整体上都是如此。我们可以看到在执行时间上差异很大。AKAZE 和 SURF 在指定的旋转角度范围内的对齐成功率似乎是最高的，AKAZE 在更高的旋转（约 60° ）中具有优势。然而，在很小的角度变化（旋转角度接近于 0° ）下，SIFT 在 MSE 接近于 0° 的情况下实现了近乎完美的重建，在旋转小于 30° 时，比其他的重建效果都好。ORB 在 MSE 的全部测试中都很糟糕，BRISK 虽然没有那么差，却很少能打败任何一位竞争者。

如果从时间上考虑的话，ORB 和 BRISK（基本上是相同的算法）是明显的赢家，但它们在重建精度方面都远远落后于其他算法。AKAZE 和 SURF 是在计时方面并驾齐驱的领先者。

现在，作为应用程序开发人员，根据项目的需求对特性进行排序。根据我们执行的测试数据，应该很容易做出决定。如果我们追求速度，我们会选择 BRISK，因为它是最快的且性能比 ORB 更好。如果我们要寻找准确率我们会选择 AKAZE，因为它表现最好，并且比 SURF 更快。使用 SURF 本身就是一个问题，因为算法不是免费的，而且受专利保护，所以我们很幸运地发现 AKAZE 是个免费的、适当的替代方案。

这是一个非常基本的测试，只考虑两个简单的指标（MSE 和时间），只有一个可变的参数（旋转）。在实际情况中，我们可能希望根据系统的要求，在转换中加入更多复杂控制。例如，我们可以使用全透视变换，而不仅仅是刚性旋转。此外，我们可能希望对结果进行更深入的统计分析。在此测试中，对于每个旋转条件，我们只运行一次对齐过程，这对于时间度量是不利的，因为一些算法可以从连续执行中受益（例如，将静态数据加载到内存中）。如果多次执行此算法，我们可以推断执行时间的方差，并计算出标定偏差或误差，以便为决策过程提供更多信息。最后，如果测试的数据足够多，我们可以统计推断过程和假设检验，例如 **t 检验**或**方差分析**（ANOVA），以确定条件之间的**微小差异**（例如 AKAZE 和 SURF）是否具有**统计学意义**，或者仅是个例，无法区分。

9.6 小结

为一项工作选择最佳的计算机视觉算法是一个吃力不讨好的过程，这也是许多工程师不愿意执行它的原因。虽然已出版过很多著作，提供了针对算法的基准性能测试，但在许多时候，并未模拟工程师可能遇到的特定系统要求，因而必须重新测试。测试不同算法的主要问题是需要书写测试代码，这是工程师额外的工作，这并非易事。虽然 OpenCV 为多个视觉问题领域的算法提供了基本的 API，但覆盖面还不完全。不过，由于 OpenCV 对计算机视觉中的问题有非常广泛的覆盖，因而仍然是执行此类测试的首选。

在选择算法时做出明智的决定是视觉工程的一个非常重要的方面，需要对许多元素进行优化，例如速度、准确性、简单性、内存占用，甚至可用性。每个视觉系统项目都有特定的需求，这些需求影响这些元素的权重，从而影响最终的决策。通过相对简单的 OpenCV 代码，我们了解了如何收集数据、绘制图表，从而针对问题做出明智的决定。

在下一章中，我们将讨论 OpenCV 开源项目的历史，以及在解决方案中使用 OpenCV 时的一些常见陷阱。

CHAPTER 10

第10章

避免 OpenCV 中的常见陷阱

OpenCV 已经存在超过 15 年了。它包含了过去的遗物，许多过时的或未经优化的实现。资深的 OpenCV 工程师应该知道如何避免在选择 OpenCV API 时出现基本错误，并确保其项目的算法成功。

在这一章中，我们将回顾 OpenCV 的历史发展，以及随着计算机视觉的发展，OPENCV 框架和算法是如何随之逐渐增加的。我们将使用这些知识，了解如何在 OpenCV 中为我们所选择的算法找到一个更新的替代方案。最后，我们将讨论，在使用 OpenCV 创建计算机视觉系统时，如何识别和避免常见问题或次优选择。

本章将介绍以下主题：

- OpenCV 的历史回顾，以及最新的计算机视觉研究浪潮
- 查看一个算法在 OpenCV 中可用的日期，以及它是否已经过时
- 在构建计算机视觉系统时，如何绕开 OpenCV 中的陷阱

10.1 OpenCV 从 v1 到 v4 的历史

OpenCV 最初是**英特尔**（Intel）计算机视觉工程师**格雷·布拉德斯基**（Gray Bradsky）在 21 世纪初的心血结晶。Bradsky 和一个工程师团队（主要来自俄罗斯）在英特尔内部开发了第一版 OpenCV，然后在 2002 年它的 0.9 版成为**开源软件**（OSS）。Bradsky 随后

与 openCV 的前创始成员一起转到了 Willow Garage 公司，其中包括 Viktor Eurkhimov、Sergey Molinov、Alexander Shishkov 和 Vadim Pisarevsky（他们最终创办了 ItSize 公司，该公司于 2016 由英特尔收购），他们一起为这个年轻的开源项目库提供了支持。

0.9 版本主要是 C API，已经运用图像数据处理功能和像素访问、图像处理、过滤、颜色空间变换、几何和形状分析（例如，形态函数、霍夫变换、轮廓查找）、运动分析、基本机器学习（K-means、HMM），相机姿态估计、基本线性代数（SVD、特征分解）等功能。这些功能中的很多在今天的 OpenCV 版本仍一直持续存在。版本 1.0 于 2006 年发布，它标志着该库开始成为 OSS 中计算机视觉的主导力量。2008 年末，基于 OpenCV v1.1prel 版，Bradsky 和 Adrian Kaehler 出版了最畅销的《*Learning OpenCV*》的书籍，这本书在全球取得了巨大的成功，多年来一直是 OpenCV C API 的权威指南。

由于范围覆盖完善，OpenCV v1 成为学术和工业应用中视觉工作的，特别是机器人领域的一个非常流行的框架，尽管它在功能提供方面与 v0.9 只是略有不同。在 v1.0 发布之后（2006 年末），OpenCV 项目进入了数年的休眠期，因为创始团队忙于其他项目，而开源社区也还没有像多年后那样成熟。该项目在 2008 年底发布了 v1.1prel，其中添加了少量内容；然而，OpenCV 作为最著名的视觉库的基础来自版本 2.x，它引入了非常成功的 C++ API。版本 2.x 作为 OpenCV 的稳定主力分支持续了 6 年（2009—2015），直到 2018 年初才不再维护（最后一个版本是 2.4.13.6，于 2018 年 2 月发布），其全部生命周期将近 10 年。其中，于 2012 年年中发布的版本 2.4，具有非常稳定和成功的 API，持续了三年，拥有非常广泛的功能。

版本 2.x 引入了 CMake 构建系统，以实现完全**跨平台**的目标，当时的 MySQL 项目也使用了 CMake。除了新的 C++ API 之外，v2.x 还引入了**模块**的概念（大约在 2011 年，在 V2.2 中引入），它可以根据项目组装的需要进行单独构建、包含和链接，放弃 v1.x 的 `cv`、`cvaux`、`ml` 等。扩展了 2D 功能，以及机器学习功能、内置人脸识别级联模型、3D 重建功能，最重要的是 Python 的接口的覆盖范围得到了扩展。早早支持 Python，使得 OpenCV 成为当时可用的视觉原型设计的最佳工具，也许现如今也是如此。2.4 版本于 2012 年年中发布，持续开发到 2018 年，由于担心破坏 API，所以从未发布 2.5 版本，只是重新命名为 v3.0（约 2013 年年中）。2.4 版本持续更新，支持了更重要的功能，如 Android 和 iOS 支持、CUDA 和 OpenCL 实现、CPU 优化（例如 SSE 和其他 SIMD 架构），以及大量的新算法。

版本 3 .0 于 2015 年底首次发布，最初社区的反应不温不火。因为他们试图寻找一个稳定的 API，所以一些 API 已经重新进行了更改，并且不可能进行替换。头文件的结构也发生了变化（从 `opencv2/<module>/<module>.hpp` 改为 `opencv2/<module>.hpp`），这使得版本间的转换更加困难。2.4.11+ 版本（2015 年 2 月）提供了弥补版本之间 API 差距的工具，并提供文档来帮助开发人员过渡到 v3.0（https://docs.opencv.org/3.4/db/dfa/tutorial_transition_guide.html）。版本 2.x 保持了非常强大的稳定性，许多软件包管理系统（例如，Ubuntu 的 `apt`）仍然作为 OpenCV 的稳定版本提供服务，而版本 3.x 正在以非常快的速度推进。

经过多年的共同努力和规划，2.4.x 让位于版本 3.x，后者拥有经过改进的 API（引入了许多抽象和基类），并通过新的 Transparent API（T-API）改进了 GPU 支持，允许将 GPU 代码与常规 CPU 代码互换使用。将 `opencv-contrib` 作为 v2.4.x 中的模块从主代码中删除，建立了一个单独的社区贡献代码仓库，提高了构建的稳定性和时序性。另一个重大变化是 OpenCV 中的机器学习支持，相对于版本 2.4 而言，进行了相当大的改进和修订。3.x 版更好地支持 Android 和 CPU 的优化。通过 OpenCV **HAL（硬件加速层）**从而超越了 Intel x86 的架构（例如 ARM、NEON），该架构后来合并到核心模块中。深度神经网络首次实现是在 OpenCV v3.1（2015 年 12 月）的 `contrib` 模块，并且差不多两年后在 v3.3（2017 年 8 月）中升级为核心模块 `opencv-dnn`。3.x 版本在英特尔、英伟达、AMD 和谷歌的支持下，极大地改进了 GPU 和 CPU 架构的优化和兼容性，成为 OpenCV 计算机视觉库优化的标志。

4.0 版标志着 OpenCV 的成熟，它是当今的主要开源项目。旧的 C API（其中许多函数可以追溯到 v0.9）被放弃了，而 C++11 被强制使用，这也使库中的 `cv::String` 和 `cv::Ptr` 混合了。版本 4.0 进一步对 CPU 和 GPU 进行了持续优化，其最大的亮点是添加了 **Graph API（G-API）模块**。继谷歌的 TensorFlow 深度学习库和 Facebook 的

PyTorch 获得巨大成功之后，G-API 让 OpenCV 与时俱进，支持其为计算机视觉构建计算图形，在 CPU 和 GPU 上实现异构执行。长期以来，OpenCV 在深度学习和机器学习、Python 和其他语言、执行图、交叉兼容性以及大量优化算法等方面进行了前瞻性的投资，让 OpenCV 得到了非常强大的社区支持，这使得它在 15 年后成为现存的、领先的、开放的计算机视觉库。

本书系列的历史与 OpenCV 作为开放源代码的计算机视觉的主要库的发展历史交织在一起。第 1 版于 2012 年发布，基于永恒的 v2.4.x 分支。其在 2009—2016 年间的 OpenCV 领域，占据着主导地位。2017 年发布的第 2 版，对 OpenCV v3.1+ 在社区中的主导地位（始于 2016 年年中）表示欢迎。第 3 版，即本书，拥抱了于 2018 年 10 月下旬发布的 OpenCV v4.0.0。

OpenCV 与计算机视觉中的数据革命

OpenCV 出现在计算机视觉的数据革命之前。在 20 世纪 90 年代末，获取大量数据对计算机视觉研究人员来说是一件困难的事。高速互联网还很罕见，甚至于大学和大型研究机构也没有强大的网络。个人和大型机构计算机的有限存储能力不允许研究人员和学生处理大量数据，更不用说具有这样做所需的计算能力（内存和 CPU）。因此，对大规模计算机视觉问题的研究仅限于少有的一些的实验室，其中包括麻省理工学院**计算机科学与人工智能实验室**（CSAIL）、牛津大学机器人研究小组、**卡内基梅隆大学**（CMU）机器人研究所和**加州理工学院**（CalTech）计算机视觉小组。这些实验室还有自行管理的大量数据资源，以服务于自身科学家的项目。他们的计算集群足够强大，可以处理这种规模的数据。

然而，2000 年代初期这种状况发生了改变了。 快速的互联网连接使其成为研究和数据交换的枢纽，并行、计算和存储能力逐年呈指数增长。大规模计算机视觉工作的众包化为计算机视觉工作创造了开创性的大数据集，如 MNIST（1998）、CMU PIE（2000）、CalTech 101（2003）和 MIT 的 LabelMe（2005）。这些数据集的发布也促进了围绕大规模图像分类、检测和识别的算法研究。计算机视觉中一些最开创性的工作是由这些数据集直接或间接实现的，例如，LeCun 的手写识别（1990 年左右）、Viola 和 Jones 的级联增强人脸检测器（2001年）、Lowe的SIFT（1999，2004）、Dalal的HoG人员分类器（2005年）等。

2000年代后半段，数据量急剧增加，发布了许多大型数据集，例如CalTech 256（2006）、ImageNet（2009）、CIFAR-10（2009）、PASCAL VOC（2010），这些数据集在今天的研究中仍然发挥着重要的作用。随着2010-2012年前后深度神经网络的出现，以及Krizhevsky和Hinton的AlexNet（2012）在ImageNet大规模视觉识别（ILSVRC）竞赛中的重大胜利，大型数据集成为时尚，计算机视觉世界也发生了变化。ImageNet本身已经发展到惊人的规模（超过1400万张照片），其他大数据集也一样，比如Microsoft的COCO（2015年，有250万张照片）、OpenImages V4（2017，有将近900万张照片）和MIT的ADE20K（2017年，有近500 000个对象分割实例）。最近的这一趋势促使研究人员思考如何处理更大规模的数据。与十年前的几十个参数相比，而今，处理这类数据的机器学习算法通常有数千万和数亿个参数（在深度神经网络中）。

OpenCV的成名之举在于：它内置了Viola和Jones人脸检测方法，该方法基于级联的增强分类器，这也是许多人在研究或实践中选择OpenCV的原因之一。然而，OpenCV最初并未考虑由数据驱动的计算机视觉。在v1.0中，机器学习算法是级联增强、隐马尔可夫模型和一些无监督方法（如K均值聚类和期望最大化）。图像处理、几何形状和形态分析等是研究的重点。版本2.x和3.x为OpenCV增加了大量的标定机器学习功能，包括决策树、随机森林和梯度增强树、**支持向量机**（SVM）、逻辑回归、朴素贝叶斯分类等。就目前而言，OpenCV并不是一个数据驱动的机器学习库，在最近的版本中，这点变得更加明显。`opencv_dnn`核心模块允许开发人员，先通过外部工具（例如TensorFlow）学习模型，再在OpenCV环境中运行，在这个过程中，OpenCV扮演了图像预处理和后处理的角色。尽管如此，OpenCV仍在数据驱动的管道中起着至关重要的作用，并在场景中扮演了重要角色。

10.2 OpenCV中的历史算法

在开始OpenCV项目之前，应该了解下它的历史。OpenCV作为一个开源项已经存在了超过 15 年，尽管它有着非常专业的管理团队，致力于改进库并保持其相关性，但某些实现仍然过时了。它保留了一些 API，以便与以前版本向后兼容，而其他 API 则针对特定的算法环境，同时还添加了新的算法。

任何希望为其工作选择性能最佳算法的工程师都应该拥有查询特定算法的工具，可以查看何时添加该算法以及其来源（例如，研究论文）。这并不意味着新东西都一定会更好，因为一些基本算法和旧的算法仍然表现出色，并且在大多数情况下，需要根据各种指标来进行取舍。例如，执行图像二值化（将颜色或灰度图像转换为黑白图像）的数据驱动的深度神经网络可能达到最高精度。然而，自适应二进制阈值处理的 **Otsu 方法**（1979）却非常快，并且在许多情况下表现得足够好。因此，关键是要了解项目的要求以及算法的细节。

检查一个算法是何时添加到 OpenCV 的

要更多了解 OpenCV 算法，最简单的方法之一就是查看它是何时被添加到源树中的。幸运的是，作为开源项目的 OpenCV 保留了其大部分代码的历史记录，并且各种发布版本中记录了更改。下面有几种获取信息的有效途径：

- OpenCV 源代码库：https://github.com/opencv/opencv
- OpenCV 更改日志：https://github.com/opencv/opencv/wiki/ChangeLog
- OpenCV 历史档：https://github.com/opencv/opencv_attic
- OpenCV 文档：https://docs.opencv.org/master/index.html

举个例子，我们来看看 `cv::solvePnP(...)` 函数中的算法，它是对象（或相机）姿态估计最有用的函数之一。该函数在三维重建流程中得到了广泛的应用。我们可以在 `opencv/modules/calib3d/src/solvepnp.cpp` 文件中找到 `solvePnP`。使用 GitHub 中的搜索功能，我们可以追溯到在 2011 年 4 月 4 日 `solvepnp.cpp` 的初始提交（https://github.com/opencv/opencv/commit/04461a53f1a484499ce81bcd4e25a714488cf600）。

在那里，我们可以看到原始的 `solvePnP` 函数最初位于 `calibrate3d.cpp` 中，因此我们也可以追溯该函数。但是，我们很快就会发现该文件的历史记录不多，因为它于 2010 年 5 月初始提交到新的 OpenCV 存储库。在 attic 存储库中搜索没有显示原始存储库中存在的任何内容。我们拥有的最早版本的 solvePnP 是从 2010 年 5 月 11 日开始的（https://github.com/opencv/opencv_attic/blob/8173f5ababf09218cc4838e5ac7a70328696a48d/opencv/modules/calib3d/src/calibration.cpp），代码如下：

```
void cv::solvePnP( const Mat& opoints, const Mat& ipoints,
                   const Mat& cameraMatrix, const Mat& distCoeffs,
                   Mat& rvec, Mat& tvec, bool useExtrinsicGuess )
{
    CV_Assert(opoints.isContinuous() && opoints.depth() == CV_32F &&
              ((opoints.rows == 1 && opoints.channels() == 3) ||
               opoints.cols*opoints.channels() == 3) &&
              ipoints.isContinuous() && ipoints.depth() == CV_32F &&
              ((ipoints.rows == 1 && ipoints.channels() == 2) ||
              ipoints.cols*ipoints.channels() == 2));
    rvec.create(3, 1, CV_64F);
    tvec.create(3, 1, CV_64F);
    CvMat _objectPoints = opoints, _imagePoints = ipoints;
    CvMat _cameraMatrix = cameraMatrix, _distCoeffs = distCoeffs;
    CvMat _rvec = rvec, _tvec = tvec;
    cvFindExtrinsicCameraParams2(&_objectPoints, &_imagePoints,
&_cameraMatrix,
                                 &_distCoeffs, &_rvec, &_tvec,
useExtrinsicGuess );
}
```

我们可以清楚地看到它对旧 C API 的 cvFindExtrinsicCameraParams2 的简单封装。这个 C API 函数的代码存在于 calibration.cpp（https://github.com/opencv/opencv/blob/8f15a609afc3c08ea0a5561ca26f1cf182414ca2/modules/calib3d/src/calibration.cpp#L1043），我们可以验证它，因为它自 2010 年 5 月以来没有变化。solvePnP 的新版本（最新提交于 2018 年 11 月）增加了更多的功能，添加了另一个函数（允许使用 RANdom SAmple Consensus（RANSAC））和几个专业 PnP 算法，如 EPnP、P3P、AP3P、DLS、UPnP，在向函数提供 SOLVEPNP_ITERATIVE 标志时也保留旧的 C API（cvFindExtrinsicCameraParams2）方法。经检验，旧的 C 函数似乎通过寻找平面物体的**单应性**或使用 **DLT 方法**来解决姿态估计问题，然后执行迭代求精。

通常，简单地认为旧的 C 方法不如其他方法是错误的。然而，新的方法确实晚于

DLT 方法（可追溯到 20 世纪 70 年代）几十年。例如，Penate-Sanchez 等人（2013）在 2013 年提出了 UPnP 方法。同样，如果不仔细检查手头的特定数据，并进行比较研究，我们就不能得出哪种算法在需求方面（速度、精度、内存等）表现最佳，尽管我们可以认为，从 20 世纪 70 年代到 21 世纪 10 年代的 40 年里，计算机视觉研究肯定取得了进展。Penate-Sanchez 等人在他们的论文中表明，UPnP 在速度和准确性方面都比 DLT 表现得更好，这是基于他们用真实和模拟数据进行的实证研究得出的结论。如何进行算法选择，请参考第 9 章。

对严谨的计算机视觉工程师来说，深入检查 OpenCV 代码应该是一项例行工作。工程师不仅能通过关注新方法来揭示潜在的优化和指导选择，而且还可以学到很多关于算法本身的知识。

10.3　常见陷阱和建议解决方案

OpenCV 具有丰富的特性，提供了多种解决方案和路径来解决视觉理解问题。强大的功能就意味着，需要付出艰苦的努力，为项目需求选择最佳的处理流程。拥有多个选项意味着几乎不可能找到精确的最佳性能解决方案，因为许多部分是可互换的，测试所有可能的选项是我们力所不及的。输入数据使这个问题的复杂性呈指数性的增加，输入数据中更多未知的噪声将使我们的算法选择更加不稳定。换句话说，使用 OpenCV 或任何其他计算机视觉库仍然是经验和艺术的问题。关于解决方案的一条或另一条路线是否成功的先验直觉是计算机视觉工程师在多年经验的基础上建立的，这在很大程度上没有捷径。

然而，你也可以选择学习别人的经验。如果你已经买了这本书，这可能意味着你正打算这么做。在本节中，我们准备了部分清单，这些清单是我们作为计算机视觉工程师在多年工作中遇到的问题。我们也希望为这些问题提出解决方案，就像我们在自己的工作中使用的那样。该清单重点介绍了计算机视觉工程引起的问题；然而，对任何工程师也应该意识到的通用软件和系统工程中的常见问题，则不做赘述。在实践中，任何系统的实现都存在些问题、错误或优化不足，即使遵循我们的清单之后，你也可能会发现还有很多事情要做。

在任何工程领域，最常见的问题都是所假设的与真实情况不符。对于一个工程师来说，如果可以对某些东西进行测量，那么就应该测量它，也可以采用近似测量，确定其上下界，或者测量不同的但高度相关的现象。有关可在 OpenCV 中使用哪些度量标定进行测量的示例，请参阅第 9 章。最好的决策是基于硬数据和可见性的知情决策；然而，这通常不由工程师控制。有些项目需要快速从头构建，这迫使工程师在没有太多数据或直觉的情况下从零开始快速构建解决方案。在这种情况下，采用下面的建议可以避免很多麻烦：

- **不对可选择的算法进行比较**：工程师们经常犯的一个错误是，根据他们首先遇到的状况、他们过去做过并且似乎有效的事情，或者有很好的教程（其他人的经验）的事情，来分类选择算法。这被称为**锚定或聚焦认知偏差**，这在决策理论中是一个众所周知的问题。在此，我们重申上一章的内容，算法的选择会对整个流程和项目的结果产生巨大影响，无论是在准确性、速度、资源等方方面面。对现状一无所知时，就决定选择算法将非常不明智。
- **解决方案**：通过公共 API 基类（例如 `Feature2D`、`DescriptorMatcher`、`SparseOpticalFlow` 等）或通用签名函数（例如 `solvePnP` 和 `solvePnPRansac`)，OpenCV 有许多方法可以协助你无缝地测试不同的选项。高级编程语言，如 Python，在交换算法方面具有更大的灵活性；但是，在 C++ 中，除了多态性之外，还可以使用一些检测代码实现这一点。在建立好数据管道之后，查看如何交换某些算法（例如，特征类型或匹配类型、阈值技术）或它们的参数（例如阈值、算法标志），并测试对最终结果的影响。改变参数通常称为**超参数调优**，这是机器学习中的标定做法。
- **不对本地解决方案或算法作单元测试**：程序员常常错误地认为他们的工作没有 bug，他们已经考虑了所有的边界情况。在计算机视觉算法方面，最好还是谨慎一点，因为很多时候，输入空间是未知的，因为它具有极高的维度。单元测试是一种出色的工具，可确保功能不会因意外输入、无效数据或边缘情况（例如，空图像）而中断，并且具有很好的退化支持。
- **解决方案**：为代码中任何有意义的函数建立单元测试，并确保涵盖了重要部分。例如，任何读取或写入图像数据的函数都是单元测试的理想选择。单元测试是一段简单的代码，它通常用不同的参数多次调用函数，测试函数处理输入的能力（或无能力）。C++ 中的测试框架的选择很多：其中一个是 Boost C++ 软件包的一部分，名为 Boost.Test（https://www.boost.org/doc/libs/1_66_0/libs/test/doc/html/index.html）。举个例子：

```
#define BOOST_TEST_MODULE binarization test
#include <boost/test/unit_test.hpp>

BOOST_AUTO_TEST_CASE( binarization_test )
{
    // On empty input should return empty output
BOOST_TEST(binarization_function(cv::Mat()).empty())
    // On 3-channel color input should return 1-
channel output
    cv::Mat input = cv::imread("test_image.png");
    BOOST_TEST(binarization_function(input).channels()
== 1)
}
```

编译此文件后，它会创建一个可执行文件，执行测试，如果所有测试都通过，则退出状态为 0，如果任何测试失败，则返回 1。将此方法与 CMake 的 CTest

（https://cmake.org/cmake/help/latest/manual/ctest.1.html）特性（通过 CMakeLists.txt 文件中的 ADD_TEST）混合使用。这有助于为代码的许多部分构建测试，并通过命令运行所有测试。

- **不检查数据范围**：计算机视觉编程中的一个常见问题是假设数据的范围，例如浮点像素（float、CV_32F）的范围为 [0,1]，字节像素（unsigned char、CV_8U）的范围为 [0,255]。由于内存块可以保存任何值，所以不能保证这些假设在任何情况下都成立。当试图写出比表示更大的值时，这些错误产生的主要问题是值饱和，例如，将 325 写入一个可以容纳 [0,255] 的字节将饱和到 255，从而丢失了很大的精度。其他潜在的问题是预期数据和实际数据之间的差异，例如，期望深度图像的范围是 [0,2048]（例如，2 米转为 2000 毫米），而实际范围是 [0,1]，这意味着它以某种方式进行了归一化。这可能导致算法性能不佳，或者完全崩溃（想象一下再次将 [0,1] 范围除以 2048）。
- **解决方案**：检查输入数据范围，并确保它是你所期望的。如果范围不在可接受的范围内，则可能抛出 out_of_range 异常（一个标定库类，请访问 https://en.cppreference.com/w/cpp/error/out_of_range 了解更多信息）。你还可以考虑使用 CV_ASSERT 检查范围，这将在失败时触发 cv::error 异常。

- **数据类型、通道、转换和舍入错误**：OpenCV 的 cv :: Mat 数据结构中最棘手的问题之一是它的变量类型上没有携带数据类型信息。cv :: Mat 可以容纳任何大小的任何类型的数据（float、uchar、int、short 等），并且在未经检查或约定的情况下，接收函数无法知道数组内包含哪些数据。通道的数量问题也使得问题变得更加复杂，因为数组可以容纳任意数量的通道（例如，cv :: Mat 可以容纳 CV_8UC1 或 CV_8UC3）。如果不知道数据类型，可能会导致 OpenCV 函数出现运行时异常，而 OpenCV 函数无法处理这样的数据，从而可能会导致整个应用程序崩溃。在输入的同一 cv :: Mat 上处理多种数据类型可能会导致其他转换问题。例如，如果我们知道传入的数组包含 CV_32F（通过检查 input.type() == CV_32F），我们可以使用 input.convertTo(out, CV_8U) 将其“规范化”为 uchar 字符；但是，如果浮点数据在 [0,1] 范围内，则输出转换将在 [0,255] 图像中是全 0 和 1，这将完全不可用。
- **解决方案**：首选 cv::Mat_<> 类型（例如，cv::Mat_<float>）而不是 cv::Mat 类型，以便也携带数据类型，建立非常明确的变量命名约定（例如 cv:: Mat image_8uc1），进行数据测试，以确保你得到的类型就是期望的类型，或创建一个“规范化”方案，将任何意外的输入类型转换为希望在函数中使用的类型。当数据类型不确定时，使用 try..catch 块也是好方法。
- **颜色空间引起的问题：RGB、感知（HSV、$L^*a^*b^*$）与技术（YUV）对比**：颜色空间是一种将色彩信息编码为像素阵列（图像）中数值的方法。但是，这种编码存在许多问题。最重要的问题是：任何颜色空间最终都会变成存储在数组中的一系列数字，而 OpenCV 不会跟踪 cv :: Mat 中的颜色空间信息（例如，一个数组可能包含 3 字节 RGB 或 3 字节 HSV，而程序无法区分）。这很糟糕，因为我们常常想当然地认为可以对数值数据进行任何类型的数值操作并且它都是正确的。然而，在某些颜色空间中，某些操作需要了解当前颜色空间。例如，必须记住：在非常常用的 HSV（**色调、饱和度、值**）颜色空间中 H（**色调**）实际上的度

量是 [0,360] 度，但通常被压缩到 [0,180] 以适应 `uchar` 字符。因此在 H 通道中放置一个 200 的值是没有意义的，因为违反了颜色空间的定义，并会导致意外的问题。线性运算也是一样。例如，如果我们希望将图像调暗 50%，在 RGB 中，我们只需将所有通道除以 2；然而，在 HSV（或 L*a*b*、Luv，等等）中，必须只对 V（值）或 L（亮度）通道执行除法。

当处理非字节图像如 YUV420 或 RGB555（16 位颜色空间）时，问题会变得更糟。这些图像将像素值存储在位级别上，而非字节级别上，将多个像素或通道组合在同一个字节中。例如，一个 RGB555 像素存储在两个字节（16 位）中：一位未使用，然后 5 位表示红色，5 位表示绿色，5 位表示蓝色。在这种情况下，各种数值运算（例如，算术运算）都会失败，并可能导致无法修复的数据损坏。

- **解决方案**：始终了解待处理的数据的颜色空间。当使用 `cv::imread` 从文件中读取图像时，你可能会假设它们读取的顺序为 BGR（标定 OpenCV 像素数据存储）。当没有可用的颜色空间信息时，可以依赖启发式方法或测试下输入。通常，你应该警惕只有两个通道的图像，因为它们很可能是位压缩的颜色空间。具有四个通道的图像通常是 ARGB 或 RGBA，添加了 **alpha 通道**，并再次引入一些不确定性。通过在屏幕上显示通道，可以直观地测试并感知颜色空间。位打包（bit-packing）问题对于图像文件、来自外部库的内存块或源代码等尤其严重。在 OpenCV 中，大部分工作都是在单通道灰度或 BGR 数据上完成的，但是当涉及保存到文件中或者准备一个图像内存块供其他库使用时，保证颜色空间的转换非常重要。请记住 `cv:imwrite` 期望的是 BGR 数据，而不是任何其他形式的数据。
- **精度、速度、资源（CPU、内存）之间的权衡和优化**：计算机视觉中的大多数问题都需要在计算和资源效率之间进行权衡。有些算法速度快，因为它们在内存中缓存关键数据，查找效率高，另有些算法也很快，是因为它们对输入或输出进行粗略的近似，从而降低了精度。在大多数情况下，得到一些特性就会失去另一些特性。不注意这些权衡，或过分关注它们，可能都会成为一个问题。工程师常见的陷阱是优化问题：优化不足或**过度优化**、**过早优化**、不必要的优化等。在寻求优化算法时，存在一种平等对待所有优化的倾向，而实际上导致效率低下的元凶通常只有一个（代码行或方法）。处理算法权衡或优化主要是研究和开发时间的问题，而不是结果。工程师可能要么在优化上花费太多时间，要么没有足够的时间优化，要么在错误的时间进行优化。

- **解决方案**：在使用算法之前或使用算法时了解算法。如果你选择了一种算法，请进行测试，或者至少看看 OpenCV 文档页面，确保你了解它的复杂性（运行时和资源）。例如，在匹配图像特性时，应该知道暴力匹配器 `BFMatcher` 通常比基于 FLANN 的近似匹配器 `FlannBasedMatcher` 慢几个数量级，尤其是在可以预加载和缓存特性的情况下。

10.4 小结

经过了 15 年发展，OpenCV 正在成为一个成熟的计算机视觉库。在过去的岁月里，它见证了计算机视觉领域和 OpenCV 社区的诸多变革。

在本章中，我们回顾了 OpenCV 的过去，从实践的角度去了解了如何更好地使用 OpenCV。我们专注于一个特定的良好做法，即：检查历年的 OpenCV 代码，找到算法的起源，以便做出更好的选择。为了应对丰富的功能和特性，我们还提出了一些解决方案，以解决使用 OpenCV 开发计算机视觉应用程序时遇到的一些常见陷阱。

10.5 进一步阅读

详情请参阅以下链接：

- OpenCV 变更日志：https://github.com/opencv/opencv/wiki/ChangeLog
- OpenCV 会议记录：https://github.com/opencv/opencv/wiki/Meeting_notes
- OpenCV 发布：https://github.com/opencv/opencv/releases
- OpenCV 历史档发布：https://github.com/opencv/opencv_attic/releases
- 对 Gary Bradsky 的采访，2011：https://www.youtube.com/watch?v=bbnftjY-_lE